DE LA
CULTURE MARAICHÈRE

DANS LES PETITS JARDINS

PAR

COURTOIS-GÉRARD

PUBLIÉE SOUS LE PATRONAGE DE LA SOCIÉTÉ CENTRALE
D'HORTICULTURE

SIXIÈME ÉDITION AVEC 15 GRAVURES

Revue et corrigée par A. PAVARD

PARIS

LIBRAIRIE F. SAVY

77, BOULEVARD SAINT-GERMAIN, 77

DE LA
CULTURE MARAICHÈRE
DANS LES PETITS JARDINS

PAR

COURTOIS-GÉRARD

PUBLIÉE SOUS LE PATRONAGE DE LA SOCIÉTÉ CENTRALE D'HORTICULTURE

SIXIÈME ÉDITION AVEC 15 GRAVURES

Revue et corrigée par A. PAVARD

PARIS
LIBRAIRIE F. SAVY
77, BOULEVARD SAINT-GERMAIN, 77

PRÉFACE

L'accueil favorable fait par le public aux premières éditions de cet ouvrage a dépassé toutes nos prévisions ; il est, dès à présent, si bien apprécié, si répandu surtout, que nous avons à nous féliciter d'avoir doté l'horticulture maraîchère d'un livre portatif où se trouvent résumés les vrais principes sous la forme la plus simple.

Nous considérons donc comme un devoir de répondre à l'empressement du public, en lui offrant une sixième édition, non moins concise, non moins correcte que les cinq précédentes, augmentée de quelques articles importants rendus nécessaires par les progrès récents de l'horticulture, et à laquelle nous avons jugé à propos d'ajouter quelques gravures.

Nous devons, en cette circonstance, des remercîments tout particuliers à M. le ministre de l'agriculture, du commerce et des travaux publics, pour la souscription dont il a bien voulu honorer cette publication ; nous devons également des remercîments aux Sociétés d'agriculture et d'horticulture qui ont pris à cœur de la propager sur tous les points du territoire où la culture maraîchère est le moins avancée. Elles ont compris combien de services peut rendre un livre tel que le nôtre, là où l'on ignore encore à peu près complétement l'art si nécessaire de faire croître de bons légumes. Nous sommes heureux de penser que nous aurons, grâce à la modicité du prix de ce volume [1] et à l'exactitude des renseignements qu'il contient, contribué dans les limites de nos moyens à

---

[1] *La Culture maraîchère dans les petits jardins* fait partie d'une collection à 1 franc :

DE LA CULTURE DES FLEURS dans les petits jardins, sur les fenê-

faire pénétrer dans les campagnes un progrès si nécessaire au bien-être de toutes les classes de la population.

Plusieurs personnes nous ayant demandé quelques renseignements complémentaires pour l'application de la culture maraîchère parisienne au climat du midi de la France, nous avons pris sur place des notes qui ont été intercalées dans cette édition.

DE LA

CULTURE MARAICHÈRE

DANS

LES PETITS JARDINS

PREMIÈRE PARTIE

PRÉPARATION DU SOL

Avant d'exposer en détail la manière dont il faut s'y prendre pour cultiver avec succès les plantes potagères, je dois donner quelques notions claires et précises sur le choix et l'emplacement du potager. Le plus souvent on n'a pas à se préoccuper de ce choix, car on trouve ordinairement le jardin tout fait, et il n'y a qu'à l'améliorer ou l'agrandir. Mais, lorsqu'il n'en existe pas, on doit partir de ce principe, que, partout où il y a de la terre et de l'eau, on peut établir un potager.

Lorsqu'on peut choisir, c'est un terrain horizontal ou légèrement incliné, dans les localités naturellement humides, qui convient spécialement pour l'établissement d'un potager. Ce terrain doit être clos de murs, ou tout au moins entouré d'une bonne haie, afin que les bestiaux et la volaille ne puissent en ravager les produits.

Le sol d'un étang desséché, un terrain tourbeux, ou celui d'une prairie fraîche, comme il s'en rencontre beaucoup en Picardie, est particulièrement convenable à la culture des légumes. A défaut d'un terrain de cette nature, on fait choix d'un emplacement muni d'un bon puits qui ne tarisse pas en été, ou d'une source d'eau vive suffisamment abondante en toute saison. Quand ces deux ressources manquent, il faut au moins que le potager soit à portée d'un lieu où il soit possible ne se procurer de l'eau en abondance et à volonté; car, à moins qu'on ne dispose d'un terrain naturellement très-frais, on ne peut espérer des récoltes abondantes de légumes, si le potager ne reçoit beaucoup d'eau pendant l'été.

Dans le midi de la France, il est bon que le jardin potager soit garni d'arbres fruitiers à haute tige, à l'ombre desquels les légumes viennent plus beaux et meilleurs qu'ils ne pourraient l'être s'ils croissaient en plein soleil. Dans tout le reste de la France, particulièrement dans le Nord, il ne doit y avoir aucun arbre dans le potager, si ce n'est à titre de *brise-vent* dans la direction des vents dominants, pour en atténuer la violence autant que possible.

L'emplacement étant choisi, dès que le sol a été préparé, comme nous le verrons en nous occupant du défoncement, on divise sa surface par grands carrés coupés à angle droit par des allées assez larges pour qu'on y puisse circuler librement; puis on divise chaque carré séparément en planches parallèles entre elles, ayant environ 1 mètre 33 centimètres de largeur. Des sentiers sont ménagés dans les intervalles de ces planches; si le sol est humide, on creuse ces sentiers de sorte qu'ils se trouvent *plus bas* que le niveau des planches; dans les terrains qui, malgré ces dispositions, conservent un excès d'humidité permanente, on ouvre des fosses en rigoles d'égoutement, nommées drains en Angleterre; le fond peut en être garni de fascines de bois sec ou de pierres comme celles qui servent à empierrer les routes à la macadam. Plus les fosses ou drains sont creusés profondément, plus ils peuvent être écartés les uns des autres; la pente du fond des drains doit être, au minimum, de 3 centimètres par mètre. Mais le drainage parfait, le seul usité

par ceux qui veulent en obtenir tout l'effet utile,
se pratique en posant au fond des drains des
tuyaux de terre cuite d'un faible diamètre ; par-
dessus ces tuyaux, on met un lit de pierres, puis
on recouvre le tout avec la terre provenant de la
fouille ; les drains communiquent tous avec un
fossé principal où viennent se rendre les eaux,
emportées de là dans le cours d'eau le plus voisin.

Les bienfaits du drainage, pour les terrains
livrés à la culture maraîchère, se comprennent ai-
sément lorsqu'on réfléchit à la nature de ses effets.

Si le sol est sec, c'est tout le contraire de ce
que j'ai dit en parlant des terrains humides qui
doit avoir lieu, et, en dressant les planches du
potager, on doit faire en sorte que les sentiers se
trouvent *plus haut* que les planches, afin de retenir l'eau des arrosages, dont une partie se trouverait perdue sans cette précaution.

Pour faire au printemps les semis précoces et
le repiquage des plantes qui ont plus besoin que
les autres d'être favorisées par la chaleur, on réserve à l'exposition du midi une large plate-
bande ; c'est ce qu'on nomme une *costière*. D'autres semis peuvent être faits également, ainsi que
des repiquages, aux expositions du levant et du
couchant ; ils y réussissent mieux qu'au centre du
jardin. Pendant les chaleurs de l'été, une plate-

bande exposée au nord peut être utilisée pour élever le plant qui craint le soleil.

Le tracé sur le terrain étant terminé, il reste à prendre les dispositions relatives aux arrosages. Il importe, pour faciliter cette branche essentielle des travaux du jardinage maraîcher, que l'eau puisse se rencontrer sur plusieurs points du potager.

Les maraîchers des environs de Paris enterrent de distance en distance des tonneaux [1] communiquant entre eux, soit par des tuyaux souterrains, soit par des rigoles découvertes formées de deux planches. Cette disposition est surtout avantageuse, en ce que l'eau, puisée d'avance, ayant séjourné dans les tonneaux, y prend une température douce qui la rend très-favorable à la végétation. Partout où il faut aller chercher l'eau à une grande profondeur, l'appareil connu sous le nom de *manivelle* aux environs de Paris, espèce de manège simple, peu dispendieux à établir, facile à manœuvrer, est l'un des meilleurs qui puissent être appliqués à la même destination. Quand les puits qui fournissent l'eau pour les arrosages ne

[1] Dans les jardins où l'installation est définitive, on peut remplacer très-avantageusement les tonneaux à huile par des cuves en briques et en ciment romain. Ces cuves, en usage depuis longtemps à Orléans, chez les maraîchers et chez les tanneurs, coûtent six francs le mètre, y compris les cercles en fer destinés à maintenir l'assemblage.

sont pas trop profonds, on peut, comme le font encore les maraîchers de certaines localités, suspendre une poulie après trois perches placées en triangle et réunies par le haut, pour tirer l'eau à bras avec une corde et des seaux. Depuis quelques années, les maraîchers de Paris ont adopté le système d'arrosement à la lance, employé dans les jardins de la ville. Malgré les avantages qu'il présente, ce système ne convient véritablement que pour de grands espaces.

Quel que soit le moyen adopté pour puiser l'eau et la distribuer dans les jardins maraîchers, il est indispensable de prendre d'avance ses mesures pour qu'elle puisse être donnée largement ; car il est de principe dans la culture maraîchère qu'il vaut presque autant ne pas arroser du tout que d'arroser trop peu ; aussi les maraîchers parisiens ne disent-ils pas *arroser*, mais *mouiller*, pour exprimer le genre d'arrosage sans lequel leurs cultures ne pourraient prospérer.

Tous les préparatifs étant ainsi terminés, on donne au sol un bon labour, puis un hersage soigné à l'aide de la fourche ; après quoi l'on enlève avec le rateau les pierres, les mottes, les racines et tous les débris ramenés à la surface. Alors, selon la destination de chaque partie du terrain, on la laisse en cet état, les façons préparatoires étant achevées ; ou bien l'on y trace des rayons pour les semis ou les plantations en lignes.

Terres. — Le sol de la France, au point de vue géologique aussi bien qu'à celui de la culture, offre d'assez nombreuses variétés de terres labourables ; mais toutes peuvent être rapportées à deux divisions principales, dont la première comprend les *terres fortes* et la seconde les *terres légères*.

Les terres fortes sont celles où l'argile domine, c'est leur caractère général ; l'action fertilisante des fumiers est plus durable dans les terres de cette nature que dans les terres légères ; elles conservent plus longtemps que les autres leur fraîcheur naturelle ; mais la végétation y est tardive, et il est nécessaire d'en diviser la surface, en é é, par de fréquents binages.

Les terres légères sont siliceuses ou calcaires, selon que la silice ou la chaux en est l'élément dominant ; elles s'échauffent promptement : ce n'est qu'à force d'eau qu'il est possible d'en obtenir des récoltes satisfaisantes dans les années sèches, il leur faut toujours, même dans les années ordinaires, des arrosages plus abondants qu'aux terres fortes pour la culture maraîchère.

Ces diverses qualités de terres peuvent toutes produire de beaux et bons légumes ; mais à la condition que, si l'élément minéral qui les caractérise dé-

passe certaines proportions, ces terres soient modi-
fiées ou *amendées* par l'addition, en quantité suffisante, de l'élément qui leur manque. Ainsi le sable
et la marne friable ajoutés aux terres fortes argi-
leuses les amendent en les divisant et en diminuant
leur excessive ténacité ; la terre argileuse est par
contre un très-bon amendement pour les terres
trop légères, dont elle augmente la consistance.

La chaux et les cendres de bois ou de houille
sont aussi, pour la plupart des terres, de pré-
cieux amendements. Les cendres sont habituellement enfouies dans la terre en même temps que
le fumier ; la chaux, pour produire tout le bien
qu'on en peut attendre, doit être, plusieurs mois
avant d'être mêlée au sol, incorporée dans des
gazons ou simplement dans une portion de terre
de jardin au moins égale à deux fois son volume.
Ces mélanges, connus sous le nom de *composts*,
valent mieux pour la culture maraîchère que la
quantité de chaux équivalente mêlée directement
au sol sans autre préparation.

Engrais. — L'utilité, ou, pour parler plus
exactement, l'indispensable nécessité des engrais
pour la culture maraîchère est généralement si
bien comprise, si bien appréciée, que le fumier
est regardé comme la base de cette culture, partout où elle est pratiquée.

Quels que soient le sol, le climat et le genre de culture, pour avoir des récoltes abondantes il faut du fumier; il en faut seulement plus ou moins pour produire l'effet désiré, selon l'épuisement du sol, le degré d'énergie fertilisante des engrais et le climat sous lequel on opère.

Dans les terres légères et brûlantes, le fumier de vache est le meilleur; à défaut de cet engrais, on en peut employer tout autre, pourvu qu'il soit à demi consommé.

Dans les terres fortes, humides et froides, qu'il est toujours avantageux de diviser, le fumier long, peu fermenté et peu avancé en décomposition, convient mieux que tout autre.

C'est en automne ou pendant l'hiver qu'on enterre les fumiers destinés à la grande culture, à la dose d'environ 500 kilog. par are, dose suffisante lorsqu'on donne au sol de bon fumier de ferme, provenant de plusieurs espèces de bestiaux; une fumure dans ces proportions fait sentir son effet utile pendant trois ans. Mais, dans un jardin potager, la fumure de 500 kilogr. par are doit être renouvelée tous les ans.

Le fumier des bestiaux n'est pas le seul engrais qui puisse être appliqué avec avantage à ce genre de culture. Les boues des villes, les plantes marines, telles que le varech ou goëmon, toutes les

matières animalisées, notamment le sang desséché, les os broyés, la râpure d'os et de corne,
selon les facilités et les ressources que chaque localité peut offrir, sont aussi des engrais très-actifs.

On peut utiliser comme engrais le *tourteau*
pulvérisé de colza, de navette et même de graine
de lin; mais, comme ces résidus servent aussi à
l'engraissement du bétail, leur prix est souvent
trop élevé pour permettre de s'en servir comme
engrais dans les champs et les jardins. Quand ils
ne sont pas trop chers et qu'on leur donne cette
destination, il faut laisser passer quelques jours
avant de semer quoi que ce soit dans une planche
de jardin qui a reçu du tourteau pour engrais;
sans cette précaution, la trop grande force de cet
engrais brûlerait le germe des semences.

La terre destinée à la culture des légumes peut
être aussi fumée avec l'*engrais humain* délayé,
soit dans l'eau, soit dans l'urine, sans que l'on
ait à craindre qu'il communique aux légumes
une saveur désagréable. Il n'est pas de fumure
plus énergique, et son efficacité est aussi grande
sous les climats du Nord que sous ceux du Midi.

Dans toutes les localités où il est possible de
se procurer le guano à un prix raisonnable, il
peut être employé, soit en poudre, mêlé à la
terre, soit délayé dans l'eau et répandu comme

engrais liquide au pied des plantes; cet engrais et quelques autres qu'on ne peut jamais employer qu'à faible dose, tels que la *colombine* ou fiente des pigeons et des poules, sont particulièrement propres aux plantes dont il est nécessaire d'activer la végétation : on l'emploie spécialement pour les concombres, les melons et les tomates.

Paillis. — On nomme *paillis* une couverture de fumier court qu'on étend sur les semis pour faciliter la germination des graines et pour protéger la levée des jeunes plantes; c'est sa principale mais non pas sa seule destination. On donne également un paillis aux planches du potager qui doivent être fréquemment arrosées : le paillis conserve la fraîcheur de la couche superficielle du sol; il a surtout pour effet d'empêcher la terre, battue par l'eau des arrosages, de se durcir à l'excès. Lorsque enfin le paillis est enterré par les labours donnés à la fin de l'automne, il contribue comme engrais à fertiliser la terre du potager.

A défaut de fumier court, on peut, dans les pays vignobles, étendre sur les planches du potager du vieux marc de raisin, qui, tout aussi bien que le fumier, empêche la terre de se plomber.

Terreau. — On nomme *terreau* le résidu consommé du fumier, quelle que soit sa nature, lorsqu'il est arrivé à son dernier degré de décomposition; tout fumier mis en tas et abandonné à lui-même finit par se convertir en terreau. Le terreau qu'on emploie pour la culture maraîchère provient du fumier décomposé des vieilles couches à melons et de celles qui ont servi pour les premiers semis, à la fin de l'hiver. On s'en sert soit comme des paillis pour protéger les semis, soit comme amendement pour rendre plus légères les terres trop compactes. Les feuilles mises en tas et décomposées lentement deviennent, comme le fumier, un excellent terreau, applicable aux mêmes usages que le terreau des vieilles couches.

Défoncement. — Lorsqu'on établit un jardin potager sur un terrain neuf, les grandes herbes sèches qui peuvent s'y rencontrer doivent être arrachées, mises en tas et brûlées ; leurs cendres sont mises à part pour être répandues sur le sol lorsqu'il aura été défoncé.

Voici comment on procède à l'opération du défoncement : à l'une des extrémités du terrain on ouvre une tranchée dont la largeur varie de 60 centimètres à un mètre. La profondeur à donner à cette tranchée est également variable ; elle dépend de la nature plus ou moins bonne du sol ; elle est habituellement de deux fers de bêche, ou d'environ 80 centimètres. Quand le sous-sol est de mauvaise nature, on a soin, pendant l'opération, de réserver la bonne terre pour la couche superficielle, sans la mêler au sous-sol. A mesure qu'on ouvre la tranchée, la terre qu'on en retire est portée à l'extrémité opposée de la pièce de terre, où doit s'arrêter le défoncement; elle y reste déposée jusqu'à ce qu'elle serve à combler la dernière tranchée en terminant le travail.

Chaque tranchée successivement ouverte est remplacée par une autre de même largeur; on a soin de retourner la bonne terre pour que le dessous se trouve en dessus. Si le défoncement est exécuté à une époque de l'année où il n'est pas possible de mettre immédiatement la culture maraîchère en activité, on laisse le terrain dans l'état brut où l'a laissé l'opération, avec de grosses mottes à sa surface; la terre profite mieux ainsi des influences atmosphériques. Au moment d'y commencer la culture, on donne une façon soignée à la fourche pour briser les mottes et enlever les pierres, dont on se sert pour consolider le sol des allées. On donne au contraire cette même façon aussitôt après le défoncement, lorsque la culture doit y être immédiatement établie. Il vaut toujours mieux, quand les circonstances le permettent, que le sol neuf destiné à l'établissement d'un potager soit défoncé quelque temps avant d'être ensemencé ou planté; le sol défoncé qui a *pris l'air* n'en est que plus favorable à la végétation des plantes potagères.

Labours. — Dans les jardins maraîchers où le terrain est rarement inoccupé, il n'y a pas d'époque rigoureusement fixée déterminée pour l'exécution des labours; on peut dire seulement que les premiers labours s'exécutent en général dès que les pluies d'automne ont suffisamment humecté la terre. Chacun doit se régler à cet égard d'après le climat de sa localité; il importe beaucoup que le labour prenne la terre bien à son point, ni trop sèche, ni trop humide.

A partir de l'automne et successivement pendant l'hiver, on enterre les fumiers; les labours donnés en cette saison doivent être plus profonds que ceux qui seront donnés à partir du printemps, durant la belle saison, lorsqu'une nouvelle culture devra, selon l'époque, prendre la place d'une autre, dont les produits auront été récoltés.

Dans le jardin potager comme dans les autres jardins, tous les labours s'exécutent à la bêche. On commence par entamer la terre de manière à ouvrir une fosse nommée *jauge*, de 25 à 30 centimètres de profondeur sur 30 à 35 de largeur, occupant en longueur toute la largeur d'une planche. Si l'on doit labourer deux planches qui se touchent, on dépose sur l'extrémité de la seconde la terre prise dans la jauge de la première sans qu'il soit nécessaire de la porter à l'autre bout de la première planche. Si l'on a une seule planche à labourer, la terre de la jauge doit être portée à son extrémité opposée pour combler le vide qui se rencontrera nécessairement à la fin du labour.

Si facile que soit le labour à la bêche, ce travail exige, pour être bien fait, une certaine habileté, que l'on ne peut acquérir que par la pratique. Pour bien labourer, on doit prendre la terre par *bêchée* que l'on replace sur le bord opposé de la jauge, en ayant soin à chaque coup de bêche de la retourner pour que celle du fond se trouve à la surface; on doit aussi briser soigneusement les mottes de terre, enlever toutes les pierres et les racines que l'on trouve en labourant, et faire en sorte que la surface du terrain ne soit pas plus élevée sur un point que sur l'autre.

Pendant les labours d'hiver, destinés principalement à enterrer le fumier, on dépose l'engrais dans la jauge le plus également possible; il ne doit pas être enfoui trop profondément, afin qu'il puisse plus tard se trouver en contact avec les racines des plantes potagères.

Enfin, chaque fois qu'on laboure dans le jardin maraîcher, on doit faire rentrer dans les planches la terre des sentiers, qui se trouve amendée par une année de repos.

Hersage. — Cette opération s'exécute ordinairement à la fourche, soit après les labours, pour achever de briser les mottes et ramener les pierres à la surface du sol pour l'en débarrasser, soit après les semis à la volée, pour répartir très-également la graine et la bien mettre partout en contact avec la terre.

Semis. — Les plantes potagères se reproduisent par le semis de leurs graines ; on les sème au printemps, puis successivement à des intervalles calculés sur la durée de végétation de chaque plante, soit en place, soit en pépinière, pour repiquer le jeune plant quelque temps après. Pour que les semis réussissent, il faut que le sol ait été préparé par de bons labours, comme je l'ai indiqué. La plupart des graines de plantes potagères demandent à être semées *fraîches*, c'est-à-dire récoltées l'année précédente ; il y a exception pour les chicorées et les diverses espèces de choux, dont le plant pomme mieux lorsqu'il provient de graines de deux ou trois ans. La profondeur à laquelle chaque genre de graine doit être enterrée, varie en raison du volume des semences ; les moins volumineuses doivent être moins recouvertes de terre que les plus grosses.

Quelque soin qu'on puisse apporter dans l'exécution des semis, les graines qui séjournent longtemps en terre avant de lever sont quelquefois atteintes par la pourriture, ou bien elles sont la proie des insectes. Quelques jardiniers, pour diminuer les chances de pertes de ce genre, sont dans l'usage de faire tremper les semences avant de les confier au sol, dans le but de hâter leur germination.

Semis à la volée. — Le sol étant préparé, comme on l'a vu plus haut, l'on entraîne avec un râteau à dents serrées un peu de terre sur les bords de la planche, puis on prend une poignée de graines qu'on répand sur le sol en la laissant passer entre les doigts par un mouvement d'arrière en avant. Pour rendre le semis plus égal et éviter de répandre de la graine dans les sentiers, on s'y reprend à deux fois pour ensemencer la largeur de la planche, en commençant à chaque fois par l'un des bords. Lorsqu'on est assuré de la bonne qualité de la graine, il ne faut pas semer trop épais, afin que le plant de semi soit vigoureux. Si, malgré cette précaution, le plant lève trop serré ou trop *dru*, comme disent les maraîchers, on l'éclaircit de bonne heure à la main. On mêle avec du sable ou de la terre sèche, au moment de les semer, les graines fines, qu'il est très-difficile sans cette précaution de ne pas semer trop épais.

Le semis étant achevé, on herse légèrement le terrain, on le foule sous les pieds pour bien *attacher* la graine au sol ; puis, pour la recouvrir, on ramène, avec le dos du râteau, la terre mise en réserve, sur toute la surface de la planche ; on laisse toutefois, sur les bords, une partie de cette terre pour retenir l'eau des arrosements. On peut aussi répandre sur la planche une légère couche de terreau ; après quoi, si le temps est sec, on arrose fréquemment pour faciliter la germination des graines.

Au printemps, lorsqu'on désire obtenir du plant bon à repiquer de bonne heure, on peut, au lieu de semer en pleine terre, semer sur ados (fig. 1). Ce genre de semis consiste à disposer le terrain en pente inclinée au midi au lieu de le laisser à plat ; on sème sur cette pente, et l'on recouvre les semis, soit avec des cloches, soit avec des paillassons pendant la nuit. On étend ces derniers sur des gaulettes qui les soutiennent pour qu'ils ne froissent pas le plant (fig. 2). Les paillassons peuvent être remplacés par des châssis que l'on pose tout simplement sur des briques ou sur des pots à fleurs.

Semis en lignes ou en rayons. — Dans les terres légères, les lignes pour les semis se tracent, avec les pieds, dans le sens de la longueur des

planches. Ce travail s'exécute en marchant les
pieds écartés très-régulièrement, de manière à
former à la fois deux lignes ou rayons.

Fig. 1. — Ados.

Ce procédé n'est pas praticable dans les terres

Fig. 2. — Abris.

fortes et compactes; l'on y trace avec la binette
(fig. 3) ou avec l'angle de la râtissoire (fig. 4) des
rayons d'une profondeur de 5 centimètres environ et plus ou moins espacés entre eux, selon la
distance désirée pour les semis en lignes de différentes graines. On les recouvre comme les graines semées à la volée, soit avec de la terre, soit
avec du terreau; les semis sont ensuite arrosés
selon le besoin.

Repiquage. — Toutes les plantes potagères

qui ne peuvent être semées en place ont besoin
d'être repiquées.

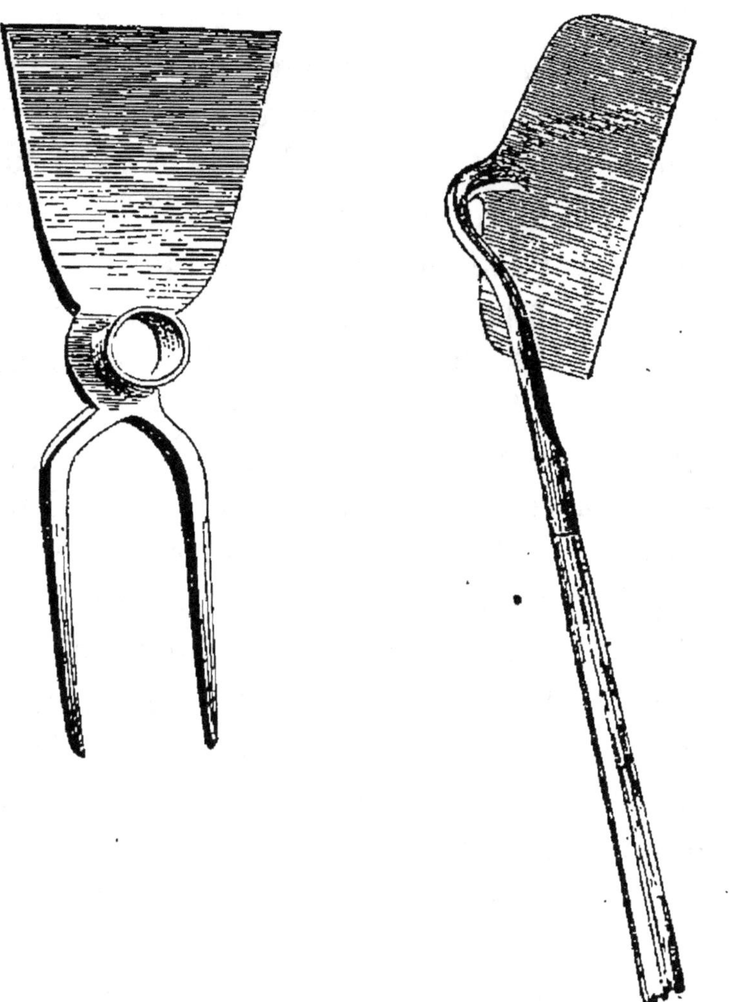

Fig. 3. — Binette.   Fig. 4. — Râtissoire.

Pour que cette opération réussisse complète-
ment, il ne faut pas attendre que le plant soit

trop avancé en végétation; non-seulement, dans ce cas, sa reprise serait plus difficile, mais encore les produits du plant repiqué seraient de beaucoup inférieurs à ceux du même plant repiqué plus jeune.

On repique sur un sol convenablement préparé et recouvert à sa surface d'un paillis de fumier court. Ce paillis rend plus durable l'effet utile des arrosages, par rapport au plant repiqué; il a aussi l'avantage d'empêcher le plant de se *coller* à la terre ce qui entraîne souvent la pourriture des feuilles.

Le terrain étant prêt à recevoir le plant, on repique à des distances variables, en ayant soin de veiller à ce que chaque plante, parvenue aux dimensions qu'elle doit atteindre, ne soit pas gênée par ses voisines. Après avoir *bassiné*, c'est-à-dire mouillé modérément la planche si la terre est trop sèche, on prend une poignée de plant de la main gauche et un plantoir de la main droite; ayant fait un trou, sans lâcher la poignée de plants, on en met un dans le trou, de manière que sa racine se trouve dans une position bien perpendiculaire. Si la plante que l'on repique est de celles dont les racines, comme celles des chicorées et des laitues, par exemple, tendent à s'étendre horizontalement, on doit les planter peu profondément, tandis que l'on doit, au contraire, enterrer le poireau et les choux jusqu'aux pre-

mières feuilles. Le plant étant ainsi placé, on le
borne, en serrant la terre contre sa racine au
moyen du plantoir.

En temps de sécheresse, le repiquage ne doit
se faire que le matin, ou mieux, le soir ; en tout cas,
aussitôt après l'opération, on donne un arrosage
au pied de chaque plante pour faire descendre la
terre entre les racines et faciliter la reprise du
plant repiqué.

Sarclage. — Cette opération consiste à enlever
la mauvaise herbe, comprenant toutes les plantes
étrangères à la culture. Dans les jardins maraîchers, on sarcle à la main ; il faut beaucoup d'ha-
bitude et d'attention, lorsqu'on sarcle une plante
dont le semis est levé depuis peu, pour ne pas
confondre les bonnes plantes, encore très-petites,
avec les mauvaises herbes. Quand la terre est
sèche, le sarclage est très-difficile ; c'est pourquoi,
lorsqu'une plante du potager doit être sarclée, on
a soin de l'arroser légèrement une heure avant,
de commencer l'opération.

Binage. — Les plantes potagères n'ont pas
moins besoin d'être binées que d'être sarclées. Le
binage s'exécute au moyen de l'instrument appelé
binette, soit avec la lame, soit avec les dents,
selon le besoin. Cette opération a pour but
d'ameublir la couche superficielle du sol, afin de

la rendre perméable aux influences atmosphériques; l'expérience prouve que les plantes dont les racines ne pénètrent pas très-avant dans le sol ont moins à souffrir de la sécheresse quand sa surface est ameublie par le binage; elles peuvent dans ce cas profiter complétement des effets bienfaisants de la rosée pendant la nuit.

Dans quelques circonstances, par exemple, à l'égard des plantes repiquées, le binage peut remplacer le sarclage.

Les binages sont plus ou moins nécessaires, selon la nature des terrains; ils doivent être fréquents sur ceux dont la surface est sujette à se durcir en formant une croûte, qui doit être brisée; dans les terres légères où cet inconvénient ne se manifeste pas, on peut s'abstenir de biner, pourvu que le sol soit bien *paillé* après la plantation.

Arrosements. — La culture maraîchère n'est productive et réellement avantageuse qu'à la condition d'arroser et même d'arroser beaucoup; toutefois les arrosements doivent être plus ou moins abondants, selon la nature du sol; les terres fortes où l'argile domine veulent plutôt être fréquemment bassinées que mouillées à fond, comme le demandent les terres légères.

L'eau des arrosements n'est pas partout distribuée aux plantes de la même manière. Dans tout le midi de la France, les jardins potagers sont tra-versés par une rigole qui part du puits, longe des allées et amène l'eau entre chaque billon. Lorsqu'on introduit l'eau dans la rigole et qu'elle arrive à la hauteur du premier billon qui doit être arrosé, on la dirige dans la raie qui accompagne ce billon ; dès qu'il est plein, on en ferme l'issue par un petit bâtardeau en terre ; on enlève celui qu'on avait éta-bli dans la rigole prinpale pour détourner l'eau, qu'on fait pénétrer dans le second rayon, et ainsi successivement jusqu'à l'irrigation complète de tout le terrain. On compte qu'il faut trois journées de travail pour arroser convenablement un hectare de culture maraîchère. La quantité d'eau qu'on emploie est de 525 mètres, soit 5 mètres cubes et 1/4 par are.

Les maraîchers des environs d'Amiens emploient un autre procédé d'irrigation : les terrains qu'ils cultivent étant entourés de canaux toujours pleins d'eau, ils y puisent l'eau avec une écope de bois à long manche et la jettent à la volée, de manière à mouiller à chaque fois un grand espace sur lequel ils savent la répartir très-également.

Les jardiniers maraîchers qui cultivent les *va-rannes* ou marais des environs de Tours arrosent avec des seaux ou *seilles* de bois, dont ils répan-dent l'eau avec beaucoup d'habileté. Quels que soient les avantages de ces divers procédés, ils n'en est aucun qui soit comparable, à mon avis, aux arrosoirs dont se servent les maraîchers des environs de Paris [1].

La large pomme de ces arrosoirs, percée de trous assez fins, verse l'eau sous forme de pluie; ainsi,

Fig. 5. — Arrosoir.

pendant la sécheresse, on peut arroser à la fois toute la plante et le sol environnant, et procurer à ses feuilles l'humidité qu'elles ne peuvent plus puiser dans l'atmosphère. Quant aux légumes peu délicats, tels que les choux, qui exigent une grande quantité d'eau, on les arrose en versant l'eau au pied de chaque plante par la gueule de l'arrosoir, ce

[1] Inventé par M. Alexandre Moyon, le modèle que représente la figure 5 a été adopté avec empressement par un grand nombre de maraîchers des environs de Paris.

qui permet d'expédier le travail beaucoup plus vite.

Tant que durent les fortes chaleurs, les maraîchers parisiens arrosent tous les jours ; ils ne distri-
buent pas moins de *huit mètres cubes d'eau par are*,
ce qui peut être considéré comme le maximum de
la quantité d'eau nécessaire à ce genre de culture ;
car la terre des marais de Paris est légère, et ce
n'est, pendant l'été, qu'à force d'eau que l'on en
peut obtenir de belles récoltes.

Les arrosages sont d'autant plus profitables
qu'ils sont faits à propos. Pendant les chaleurs de
l'été il faut arroser l'après-midi et le soir, afin
que les plantes profitent de la fraîcheur de la nuit,
et que l'eau des arrosages puisse avoir le temps
de pénétrer le sol avant d'être évaporée par le soleil.— Au printemps et à l'automne, il vaut mieux,
au contraire arroser le matin au lever du soleil.

Arrosements fertilisants. — Les urines qui ont
subi une certaine fermentation, le purin ou jus de
fumier et les eaux animalisées, peuvent être employés avec grand avantage pour l'arrosage des
plantes potagères. Malheureusement, excepté dans
le nord de la France, où chaque ferme, grande ou petite, est ordinairement pourvue d'une citerne pour
recevoir l'urine des bestiaux, on laisse également
courir dans le ruisseau l'eau de pluie qui s'écoule
des toits, et le liquide provenant des tas de fumier,

La perte de ces eaux est d'autant plus regrettable, que la dépense d'une citerne ne dépasse pas les moyens du cultivateur dans les circonstances ordinaires. S'il trouve cette dépense trop lourde, il peut toujours creuser un bassin plus profond que large, dont il garnira les bords avec de la terre glaise bien battue; les frais alors se réduisent à quelques journées de travail, et, pendant la saison des pluies, rien n'est plus facile que de diriger les eaux qui coulent sur le sol vers le réservoir.

Ce mélange d'eau de pluie, d'urine et de purin constitue un liquide dont on peut se servir une fois chaque semaine pendant l'été, pour donner au potager des arrosements fertilisants d'une grande énergie.

A défaut de citerne, le cultivateur soigneux peut toujours faire ramasser par ses enfants les bouses de vaches et même le crottin de moutons perdus sur les chemins : il n'en faut pas une grande quantité pour changer un tonneau d'eau en un excellent engrais liquide dont l'effet se fait sentir immédiatement.

De tous les liquides fertilisants qui peuvent être utilement employés pour activer la croissance des plantes potagères, il n'en est pas de plus énergique dans ses effets que le *guano* du Pérou, délayé à diverses doses dans l'eau. Les horticulteurs adonnés à la culture des végétaux d'ornements réalisent des merveilles de végétation au moyen de cet engrais liquide; nul doute que des résultats analogues n'en fussent obtenus s'il était appliqué avec discernement aux plantes potagères. Le guano est toujours cher; mais, comme il agit même à faible dose, 3 ou 4 kilogrammes par hectolitre d'eau, son emploi n'est pas excessivement coûteux. On sait que le guano, formé des déjections des oiseaux de mer sur les parties des côtes du Pérou où il ne pleut jamais, ressemble beaucoup par sa composition à la *colombine* ou fiente de pigeons; il n'est pas de jardinier qui ne sache à quel point une petite quantité de colombine est utile aux melons, aux cornichons et aux concombres; le guano agit dans le même sens, mais avec encore plus d'efficacité.

Quelles que soient les substances que l'on emploie pour fertiliser l'eau destinée aux plantes potagères, il faut, pour obtenir tout l'effet que ces substances peuvent produire, savoir les administrer à propos, car, chaque plante ayant un mode de végétation particulier, il est impossible de les soumettre toutes au même traitement. Ainsi les carottes doivent, pour donner de beaux produits, être arrosées avec des engrais liquides, pendant les premiers temps de leur végétation, tandis que les melons ne doivent pas recevoir d'engrais liquides avant d'avoir des fruits; autrement les fleurs coulent. Quant aux choux, on peut sans crainte leur donner des engrais liquides, jusqu'au moment où ils commencent à former leur pomme.

De ce qui précède il résulte que l'on peut, à l'aide des engrais liquides, en agissant avec discernement, favoriser à volonté le développement des racines, des feuilles ou des fruits de chacune des plantes potagères que l'on cultive.

DEUXIÈME PARTIE

CULTURE

La culture des plantes potagères comprend la récolte des graines, la préparation du sol, les semis, les repiquages, et toute une série d'opérations dont chacune exige des soins plus attentifs et plus minutieux que ceux qu'il est possible d'accorder aux plantes traitées en grande culture. C'est par ses soins assidus que l'homme est parvenu à porter à un très-haut degré de perfection les légumes, qui jouent un si grand rôle dans son alimentation.

Pour se former une idée exacte de la persévé-
rance qu'il a fallu apporter dans ce travail de trans-
formation des végétaux, il suffit de considérer
l'Asperge, la Carotte, le Chou, la Chicorée, le Céleri, la Mâche, l'Oseille, le Panais, qui existent dans
notre pays à l'état sauvage, et qu'on peut considérer comme types des races des mêmes végétaux
que nous cultivons aujourd'hui. Mais, si la culture
des plantes potagères demande à l'homme une
plus forte somme de travail que beaucoup d'autres
cultures, elle lui offre de précieuses ressources au
point de vue de l'hygiène et le plus ordinairement
un profit pécuniaire considérable; on ne saurait
trop engager les habitants des campagnes à lui
accorder dans leurs occupations habituelles une
plus large place que celle qu'ils sont dans l'usage
de lui consacrer.

Convaincu que l'état généralement arriéré de la
culture des légumes dans les campagnes dépend
uniquement du manque de notions sur les bons
procédés de cette culture ; persuadé qu'il doit suf-
fire de porter à la connaissance de tous les méthodes perfectionnées dont la pratique a valu une
si juste célébrité aux maraîchers parisiens, pour
voir se réaliser toutes les améliorations que réclame l'état de notre culture maraîchère en pro-
vince, j'ai tracé le tableau exact de ce qui se fait

de mieux dans les jardins maraîchers de toute la France.

Que ceux qui voudront pratiquer ces méthodes et ces procédés se tiennent pour certains que si, dès la première année, ils n'obtiennent pas des résultats en tout semblables à ceux qu'on réalise dans les jardins les plus soignés, ils en approcheront la seconde année d'aussi près que possible.

Enfin, de toutes les opérations dont nous avons à nous occuper, il n'en est pas qui exerce sur le résultat définitif une influence plus marquée que la récolte des graines, c'est-à-dire le choix intelligent des plantes porte-graines : car les mêmes raisons qui font rechercher comme reproducteurs les animaux domestiques les plus parfaits et les plus francs d'espèce dans chaque race existent au même degré à l'égard des végétaux cultivés ; on ne peut espérer les maintenir dans toute la perfection des qualités que chaque espèce comporte qu'en faisant choix, pour en récolter les graines, des individus les plus parfaits.

Il importe, pour récolter des graines parfaitement franches d'espèce, d'isoler avec soin les variétés ou sous-variétés de la même plante. Cultivées sans précation les unes à côté des autres, elles se fécondent réciproquement au moment de la floraison, et leur graine ne peut plus alors donner naissance qu'à des plantes dégénérées. Ainsi les choux porte-graines de différentes variétés doivent être plantés à une grande distance de ceux de variétés diverses ; les melons cantaloups ne doivent pas être cultivés à proximité des melons brodés ; les carottes, les chicorées, les laitues, les radis, lorsqu'on veut en récolter de bonne graine, doivent être de même cultivés isolément, loin des variétés qui pourraient, en les croisant, les faire dégénérer.

Afin d'éviter toute confusion, je me suis borné, dans chaque article de la deuxième partie, aux indications générales sur la culture de chaque plante; si l'on veut se rappeler la meilleure manière de semer, de repiquer et d'arroser, on aura recours aux notions exposées sur ces divers sujets dans les articles spéciaux de la première partie.

AIL COMMUN

(ALLIUM SATIVUM). Synonymie : *Thériaque des paysans.*

L'ail commun se multiplie par les caïeux de ses bulbes, qu'on plante en février et mars, à 15 centimètres environ les uns des autres en tous sens. Ils doivent recevoir pendant le cours de l'été quelques binages; on peut commencer dès la fin de juin à récolter les plus avancés. Lorsque les feuilles ou *fanes* sont desséchées, on achève la récolte en

arrachant les bulbes, qu'on laisse un certain temps
exposés à l'air libre sur le terrain pour compléter
leur maturité. L'ail est ensuite mis en bottes, qu'on
suspend dans un lieu sec pour le conserver jusqu'au
printemps de l'année suivante.

ARROCHE DES JARDINS

(ATRIPLEX HORTENSIS)

Cette plante est connue sous les noms divers
d'*Arroche blonde, Armol, Arrode, Arronse, Belle-
dame, Bonne-dame, Erode, Follette* et *Prudefemme.*
On la sème à la volée, très-clair, vers la fin de
mars ; on peut continuer à la semer successivement de mois en mois, jusqu'en septembre.

Après les semis, l'arroche ne demande aucun
soin particulier de culture ; il faut seulement éclaircir le plant, de manière à lui permettre de prendre
un développement considérable.

Deux espèces d'arroche, l'une à *feuilles blondes,*
l'autre à *feuilles rouges*, sont cultivées dans les potagers ; toutes deux ont la propriété d'adoucir l'ex-
cés d'acidité de l'oseille : c'est leur principale destination. On peut aussi les manger seules, préparées comme les épinards.

Graines. — Dès que les premières graines sont
parvenues à maturité, on coupe les tiges, qu'on fait

sécher à l'ombre. Ces graines ne conservent leurs propriétés germinatives que pendant un an.

ARTICHAUT

(CYNARA SCOLYMUS)

L'artichaut ne peut être cultivé avec succès que dans un sol léger et profond, abondamment fumé; il aime la chaleur ; l'humidité froide lui est très-contraire. On le multiplie au moyen des œilletons détachés des vieux pieds. On plante ces œilletons à 80 centimètres en tous sens, au mois d'avril, un peu plus tôt ou plus tard, selon l'état de la température. Au moment de la mise en place, les extrémités des feuilles doivent être raccourcies. Pour utiliser le terrain pendant la croissance des artichauts, on plante une rangée de choux de Milan entre chaque ligne d'artichauts ; on repique des oignons ou bien on sème des radis ; le sol est biné et arrosé selon le besoin. Dans une plantation faite en avril, le plus grand nombre des pieds donne ses têtes en automne de la même année; tous portent abondamment au printemps de l'année suivante.

A l'approche des premières gelées, on coupe les tiges et l'on rogne l'extrémité des feuilles ; puis les artichauts sont fortement *buttés* en amoncelant la terre au pied de chaque touffe. Dans le midi de

la France, le buttage suffit pour préserver les artichauts des atteintes du froid, qui n'a jamais une
grande intensité ; dans les départements du centre,
il faut, pour les conserver, les couvrir en hiver
avec du fumier ou des feuilles ; dans le nord enfin,
il est plus prudent de lever les plantes en motte et
de leur faire passer l'hiver dans une cave pour les
mettre en place au printemps.

Dans le courant du mois de mars, dès que les
gelées ne sont plus à redouter, on abat les buttes
des artichauts et l'on donne au sol un bon labour.
Un mois plus tard, en avril ; on réserve un ou
deux œilletons des plus vigoureux de chaque
touffe, et on enlève les autres en les coupant avec
une partie du talon. Les œilletons ainsi enlevés
avec soin peuvent être repiqués. Une plantation
d'artichauts bien entretenue dans un sol favorable
peut rester productive pendant quatre ans. Néanmoins, dans quelques localités, on replante les artichauts tous les ans, afin d'avoir des fruits plus
volumineux.

On cultive plusieurs variétés d'artichauts,
parmi lesquels le *Camus de Bretagne* et le *Gros
vert de Laon* sont les plus estimés. Les Artichauts
vert et *violet de Provence* sont beaucoup plus
petits, mais ils sont très-tendres et recherchés
pour manger à la poivrade.

Les artichauts, destinés pour la provision d'hiver, se conservent très-bien sans rien perdre de leurs qualités alimentaires par le procédé suivant : on choisit les plus grosses têtes, pas trop avancées en végétation ; les feuilles sont coupées au niveau de la partie adhérente à la pomme ; le foin intérieur est enlevé avec précaution, après quoi chaque artichaut est coupé en quatre et plongé dans de l'eau chaude, légèrement acidulée avec du vinaigre. Lorsqu'ils sont à moitié cuits, on les retire alors pour les étendre sur une claie et les porter dans un four dont le pain vient d'être retiré ; ils s'y dessèchent rapidement. Les artichauts ainsi préparés sont enfilés dans une ficelle et suspendus dans un lieu sec, où ils se gardent parfaitement jusqu'au moment de les utiliser.

ASPERGES

(ASPARAGUS OFFICINALIS)

Pour qu'une plantation d'asperges donne de beaux et d'abondants produits, et qu'elle se maintienne longtemps en plein rapport, il faut qu'elle soit établie dans un sol profond et de bonne qualité. Après avoir fait choix de l'emplacement, on le divise par planches d'un mètre de largeur, séparées les unes des autres par des sentiers. On enlève la terre superficielle de toute la première planche, à la profondeur d'un fer de bêche; cette terre est déposée sur la seconde planche; la première est devenue un fossé de 25 centimètres de profondeur. On continue l'opération en creusant la troisième planche, puis la cinquième et ainsi de suite, en réservant entre chaque planche creusée une planche intacte sur laquelle on dépose la terre provenant de la fouille; une partie de cette terre servira plus tard à recharger les planches d'asperges.

Si le sous-sol est formé d'une terre argileuse ou d'une terre glaise imperméable, il faudrait augmenter la profondeur de la fosse, et remplacer une partie de la terre argileuse enlevée par une couche de plâtras ou de sable, afin d'assurer le facile écoulement des eaux surabondantes. Au mois de mars, après avoir fumé largement et bien égalisé au râteau la terre du fond des fosses, on y trace trois lignes parallèles, une de chaque côté, à 20 centimètres du bord, la troisième au milieu de l'intervalle entre les deux premières. Les fosses ainsi disposées, on sème immédiatement les graines d'asperges en place. On peut aussi, ce qui est de beaucoup préférable, mettre en place des griffes d'un an de semis, élevées en pépinière; elles doivent être arrachées avec beaucoup de précautions. Elles sont plantées à 50 ou 60 centimètres de distance les unes des autres sur les lignes tracées dans la fosse; après avoir soigneusement étalé dans tous les sens les racines qui sont longues et charnues, on les recouvre d'environ 10 centimètres de terre.

Dans quelques communes des environs de Paris, on suit une méthode différente pour les plantations d'asperges; on cultive cette plante sur un seul rang, les griffes étant à un mètre les unes des autres. Les fosses ont, comme ci-dessus, 25 centimètres de profondeur; mais elles n'ont que 35 centimètres de largeur. La terre entre chaque fosse est relevée en billon dont les pentes latérales n'ont pas moins de 80 centimètres de chaque côté. La plantation s'effectue du reste comme dans les fosses larges d'un mètre, en ce qui concerne la fumure et la distance des griffes d'asperges entre elles dans les lignes.

Si l'on sème des graines d'asperges au lieu de planter des griffes, ce qui offre l'inconvénient de retarder d'un an ou deux la récolte des premiers produits, on dispose les graines dans les lignes à la même distance que les griffes; on les recouvre seulement de 2 ou 3 centimètres de terre. Quel que soit le mode de plantation adopté, les soins ultérieurs de culture sont les mêmes. Dans le

courant de l'été, on donne au sol des fosses plusieurs binages afin de détruire la mauvaise herbe
à mesure qu'elle se produit ; dans la première
quinzaine de novembre, toutes les tiges des jeunes asperges sont coupées
au niveau du sol ; on enlève alors, avec
la boue, la superficie de la terre des
fosses à quelques centimètres seulement d'épaisseur ; la terre ainsi déplacée est disposée sur les planches
entre les fosses d'asperges. Ces planches, après avoir été pendant la
belle saison occupées par diverses
cultures potagères annuelles, doivent
se trouver vacantes au mois de novembre.

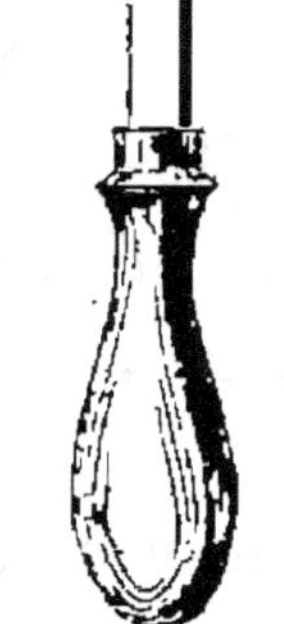

Fig. 6.
Couteau à
Asperges.

Dans le courant de l'hiver, avant
l'arrivée des gelées sérieuses, on étend
sur les asperges une bonne couche de
fumier gras. Au printemps, après avoir
donné un binage, on recharge les asperges de 4 à 5 centimètres de terre
prise dans les planches qui les séparent.
Cette opération fondamentale de la culture de
l'asperge doit être exécutée tous les ans à la
même époque.

Lorsque la plantation a été faite avec des griffes d'un an de semis d'un choix irréprochable, on peut, à la troisième pousse, commencer à couper[1] les plus grosses asperges seulement. Les années suivantes, après s'être conformé aux soins de culture décrits ci-dessus, on coupe les asperges à mesure qu'elles commencent à paraître ; la récolte se continue jusqu'au mois de juin. A cette époque, on cesse de couper les asperges, pour ne pas épuiser les griffes.

Les planches restées disponibles entre les planches d'asperges sont ensemencées en pois ou plantées en pommes de terre de variétés précoces ; ces premiers produits étant récoltés, on peut encore y semer une récolte de betteraves qu'on arrache en novembre. Ces divers récoltes doivent être suffisamment fumées pour ne pas fatiguer et appauvrir la couche de terre qui doit servir chaque année à recharger les asperges.

Deux variétés d'asperges sont communément cultivées : l'une, dont les pointes sont vertes, est connue sous le nom d'*Asperge commune* ; l'autre, à pointes violettes, porte le nom d'*Asperge de Hollande*, qui par la sélection et la culture, a donné

---

[1] Le couteau représenté figure 6 permet de couper les asperges bonnes à récolter sans endommager celles qui se trouvent à côté.

naissance à une sous-variété connue sous le nom d'*Asperge d'Argenteuil*.

Graines. — Les graines d'asperges se récoltent à la fin de l'automne, quand les fruits ou baies sont parfaitement mûrs ; ils sont écrasés à la main, puis lavés à grande eau et les graines sont séchées à l'ombre. Ces graines conservent pendant deux ans leurs facultés germinatives.

AUBERGINE

(SOLANUM MELONGENA)

Cette plante, ainsi que le fruit en raison duquel elle est cultivée, est connue sous une foule de noms différents ; on la nomme aussi *Albergine, Ambergine, Beringine, Bringèle, Buhème, Marignan, Mayenne, Mélanzane, Mélongène, Mérangène, Morelle comestible, OEuf végétal, Véringeane, Viédase*. Dans le midi de la France, l'*Aubergine* est cultivée en pleine terre à l'air libre ; dans les départements du centre, elle ne peut l'être que sur couche.

On sème la graine d'aubergine en mars ou avril pour repiquer le plant en mai, en lignes sur le bord des couches à melons; on la cultive aussi dans un sol léger sur des couches séparées, à l'exposition du midi. Les aubergines cultivées sur couche y donnent des fruits plus gros que ceux qu'elles donnent en pleine terre sous le climat méridional ; mais il leur faut des arrosements très-fréquents.

On cultive deux variétés d'aubergine, l'une à fruit rond, l'autre à fruit allongé.

Graines. — On réserve comme porte-graines les fruits d'aubergine qui mûrissent les premiers ; les graines récoltées parfaitement mûres conservent pendant deux ans leurs facultés germinatives.

BASILIC COMMUN

(OCYMUM BASILICUM)

On connaît cette plante dans les potagers sous les noms de *Basilic cultivé*, *Basilic aux sauces*, *Basilic des cuisiniers*, *Grand Basilic*, *Herbe royale*. Le basilic se sème sur couche dans le courant d'avril ; le plant est repiqué, soit en pleine terre à l'exposition du midi, soit autour des couches de melons.

Le basilic est employé en assaisonnement, à l'état sec.

Graines. — On récolte les graines au mois de septembre ; elles ne gardent leurs facultés germinatives que pendant un an.

BETTERAVES

(BETA VULGARIS). Synonymie : *Bette commune.*

La betterave demande, quelle que soit la variété,

une terre bien fumée, naturellement fertile et préparée par un labour profond. La graine se sème à la fin d'avril ou dans les premiers jours de mai, soit en lignes, soit à la volée, à raison de 50 grammes par are.

On peut aussi semer les betteraves sur couche, en février ou mars, afin d'avoir du plant bon à repiquer en avril ou mai.

Lorsque le plant a pris cinq ou six feuilles, on l'éclaircit de manière que les betteraves se trouvent espacées à environ 35 centimètres les unes des autres en tous sens ; elles ont besoin de recevoir plusieurs binages dans le courant de l'été. Les racines sont arrachées avant l'arrivée des premières gelées ; on retranche les feuilles et l'on conserve les betteraves dans une cave saine, exempte d'humidité ; elles peuvent s'y conserver jusqu'au mois de mai de l'année suivante. Dans le courant de l'hiver, on mange en salade les betteraves cuites au four, coupées par tranches, et leurs jeunes pousses étiolées. On peut récolter, moyennant une culture suffisamment soignée, jusqu'à 600 kilogrammes de betteraves sur un terrain d'un are de superficie.

Graines. — Les racines de l'année précédente plantées au mois de mars donnent des plantes dont la graine mûrit au mois de septembre ; cette graine conserve ses facultés germinatives pendant cinq ou six ans.

CARDON

(CYNARA CARDUNCULUS)

Cette plante porte les noms d'*Artichaut sylvestre*, *Carde*, *Cardonnette*, *Chardonnette* et *Chardonnerette*.

La terre favorable à la culture de l'artichaut convient également à la culture du cardon. On le multiplie de graines semées immédiatement en place au mois de mai.

Après avoir préparé le terrain par un bon labour, on trace, au milieu d'une planche de 1 mètre 33 centimètres de largeur, une ligne sur laquelle on pratique à la bêche des trous espacés entre eux de 1 mètre, qu'on remplit de bon terreau; puis on sème dans chacun deux ou trois graines de cardon. Lorsque le jeune plant est bien sorti, l'on réserve le pied le mieux venu; les autres sont supprimés.

Pour tirer parti du terrain vacant pendant la croissance des cardons, on couvre le sol d'un bon paillis et l'on repique dans les intervalles de la laitue romaine ou de la chicorée. Les jeunes cardons profitent des arrosages que doivent recevoir ces salades; lorsqu'elles ont été récoltées, on donne au sol un bon binage, et l'on a soin d'arroser fréquemment au pied les cardons pour favoriser leur développement.

Quand les cardons ont pris toute leur croissance, on doit les faire blanchir en les *buttant* (voir l'article *Céleri*), après avoir réuni les feuilles en un long faisceau au moyen de plusieurs liens de paille. Dans les marais de Paris, au lieu de butter les cardons pour les faire blanchir, on les entoure de litière longue assujettie par des liens de paille ; au bout d'environ trois semaines, les côtes des cardons devenues blanches peuvent être livrées à la consommation. On récolte les premiers cardons en octobre, et les autres sucessivement jusqu'aux fortes gelées.

Deux variétés de cardon sont cultivées; l'une épineuse, connue sous le nom de *Cardon de Tours*; l'autre, sans épines, nommée *Cardon d'Espagne*, est à côte creuse, on doit lui préférer le Cardon *plein inerme* qui est également sans épines, et dont les côtes sont aussi pleines que celles du *Cardon de Tours.*

Graines. — On réserve pour porte-graines quelques pieds de cardon qui passent l'hiver en place moyennant un fort buttage et une couverture de litière ou de feuilles, comme pour les artichauts. Ces pieds fleurissent l'été suivant ; leur graine, mûre en septembre, conserve ses facultés germinatives pendant trois ou quatre ans.

CAROTTES

(DAUCUS CAROTA). Synonymie : *Racine jaune*, *Racine rouge*, *Pastenade*, *Pastonade*, *Chirouis*, *Faux chervi*, *Girouille*.

Il faut à la carotte, comme à tous les légumes dont les racines pénètrent profondément dans le sol, une terre préparée par de bons labours et fumée l'année précédente. Si cette condition n'a pu être remplie, on ne doit en tout cas donner au sol où la carotte doit être cultivée que des engrais bien consommés.

Les premières carottes se sèment en février ; les semis se continuent successivement jusqu'en mai ; ceux des variétés hâtives peuvent même se prolonger jusqu'en juillet. On sème, soit en lignes, soit à la volée, à raison de 100 grammes de graine par are. Comme les carottes se développent assez lentement pendant la première période de leur croissance, on peut, sans leur nuire, semer, en même temps que la graine de carottes, des graines de radis, de panais ou de laitues. On donne aux semis de carottes un léger hersage, puis on répand par-dessus un peu de terreau ou de bonne terre pulvérisée. Les semis veulent être fréquemment bassinés en cas de séche-resse, sans quoi les jeunes carottes à peine levées sont attaquées par de petites araignées (*Acarus*) qui les piquent, sucent leur sève et les font périr.

Le plant doit être éclairci de bonne heure pour laisser aux racines l'espace nécessaire à leur croissance ; on arrose aussi souvent qu'il est nécessaire pour que les carottes n'aient point à souffrir de la sécheresse.

Les carottes réservées pour la provision d'hiver sont arrachées en novembre. Après avoir coupé leur collet pour empêcher qu'elles n'entrent en végétation, on les dépose dans une cave ou dans un cellier à l'abri de la gelée. Les jardiniers maraîchers des environs de Meaux emploient un autre procédé pour la conservation de leurs ca-rottes : ils ouvrent une tranchée d'un mètre de large sur environ 80 centimètres de profondeur ; les racines y sont déposées par lits et recouvertes d'une quantité de paille suffisante pour que ni l'humidité ni la gelée ne puissent les atteindre. Les carottes s'y conservent facilement en bon état jusqu'au mois de mai.

Quand la carotte est cultivée dans un sol à la fois sain et léger, on peut se dispenser de l'arracher en novembre. Une légère couverture de paille, pendant les gelées, la garantit suffisamment contre le froid.

Un are de terre peut produire de 300 à 400 kilo-grammes de carottes.

La culture a produit un grand nombre de variétés de carottes, parmi lesquelles on peut regarder comme les meilleures, quant à la culture maraîchère, la *Courte hâtive de Hollande*, la *Rouge demi-longue*, la *Rouge longue* et la *Jaune longue*.

Graine. — On réserve comme porte-graines les carottes les plus parfaites de chaque variété. Elles sont mises en jauge au mois de novembre, en ménageant avec soin le collet et les feuilles centrales; pendant les gelées de l'hiver on les couvre de fumier sec; au printemps, elles sont mises en place à environ 50 centimètres les unes des autres en tous sens.

Les ombelles ou *têtes* chargées de graines se récoltent successivement à mesure qu'elles mûrissent, depuis le milieu du mois d'août jusqu'à la fin de l'automne; les graines conservent leurs facultés germinatives de trois à cinq ans; la durée de leur conservation dépend de l'état plus ou moins parfait de leur maturité à l'époque de la récolte.

CÉLERI CULTIVÉ

(APIUM GRAVEOLENS)

Le céleri cultivé est une variété du persil des marais connu, dans les parties de la France où il croît à l'état sauvage, sous les noms d'*Ache*, *Ache d'eau*, *Ache des marais*, *Ache douce* et *Bonne herbe*.

La graine de céleri se sème en avril et mai, en pleine terre, dans une situation ombragée ; elle doit être très-légèrement recouverte, soit avec un peu de terreau, soit avec une mince couche de paillis formé de fumier très-court. De fréquents bassinages sont nécessaires, soit avant, soit après la levée du plant, qu'il faut éclaircir de bonne heure lorsqu'il est levé trop épais.

On prépare le terrain pour repiquer en place le plan de céleri, en lui donnant un bon labour et le recouvrant d'un paillis sur toute son étendue. On trace, sur chaque planche de 1 mètre 33 centimètres de largeur ainsi disposée, quatre lignes parallèles sur lesquelles le plant de céleri est repiqué à la distance de 33 centimètres. Ce plant peut être mis en place dès qu'il a 12 centimètres de hauteur.

Quand les pieds de céleri ont acquis assez de force, on s'occupe de les faire *blanchir*, afin qu'ils deviennent plus tendres. A cet effet, on les lève en motte pour les planter par rang, tous à côté les uns des autres, dans une tranchée de 1 mètre de largeur et de 35 centimètres de profondeur. On arrose largement pour faciliter la reprise ; puis, dès que le céleri recommence à pousser, après avoir retranché les feuilles jaunies par suite de la transplantation, on *coule* entre chaque rang de céleri environ 15 centimètres de bonne terre ou de terreau. Dans les jardins où le sol est argileux, le terreau doit être préféré à la terre pour le buttage du céleri. Après un intervalle de quinze jours, on achève de remplir les tranchées. S'il survient des gelées, on couvre le céleri avec de la paille, qu'on déplace chaque fois que la température le permet. Le buttage du céleri peut aussi s'effectuer d'une autre manière, sans qu'il soit nécessaire de lui faire subir une seconde transplantation : on réunit, au moyen de quelques brins de paille, les feuilles de chaque touffe, qu'on entoure, pour la faire blanchir sur place, avec de la terre prise des deux côtés de la planche. On peut aussi, au moment de la plantation, repiquer le céleri en lignes à 1 mètre 33 centimètres l'une de l'autre. Lorsqu'il est assez avancé pour être blanchi, on ouvre dans les intervalles des tranchées de 60 centimètres de largeur sur 30 de profondeur ; la terre prise dans ces tranchées sert à butter le céleri. Enfin, on plante aussi le céleri sur deux rangs au fond d'une fosse de 1 mètre de largeur sur 20 à 25 centimètres de profondeur ; le moment venu de le faire blanchir, on dispose de la terre de la fosse tenue en réserve pour cette destination.

Quel que soit celui de ces divers modes de plantation qu'on ait adopté, on ne peut obtenir des côtes larges et tendres qu'en donnant au céleri beaucoup d'eau pendant le cours de sa croissance.

Trois variétés de céleri sont cultivées dans les potagers ; ce sont le *Céleri plein blanc*, le *gros Céleri violet de Tours*, et le *Céleri turc*, moins élevé que les autres ; les côtes de cette dernière variété sont toujours les plus pleines.

Céleri-rave, ou Céleri-navet. — On sème le céleri-rave sur couche au mois de mars ; on le repique au mois de mai en pépinière ; on le plante définitivement en juin à la place où il doit accomplir le cours de sa végétation.

Le céleri-rave demande encore plus d'eau que les autres espèces. Les maraîchers de Paris sont dans l'usage de supprimer, dans le courant de l'été, ses feuilles extérieures, afin de favoriser le développement du tubercule. En Alsace, on retranche dans le même but toutes les racines latérales.

Le céleri-rave est bon à récolter vers le milieu de l'automne ; s'il en reste quelques pieds en place à l'approche des premiers froids, ils doivent être arrachés et conservés dans une cave saine à l'abri de la gelée.

Graine. — Les pieds de céleri réservés pour la production de la graine sont laissés sur place et fortement buttés pour les empêcher de geler pendant l'hiver. Les graines sont mûres en septembre ; elles conservent leurs propriétés germinatives pendant trois ou quatre ans.

CERFEUIL BULBEUX

(CHÆROPHYLLUM BULBOSUM)

Cultivé dans une bonne terre de potager, le cerfeuil bulbeux peut acquérir les proportions d'une carotte courte de Hollande. On le sème en ligne ou à la volée, à raison de 500 grammes par are, en août, septembre et octobre. La cause la plus fréquente de la non réussite, dans la culture, de cet excellent légume, consiste surtout en ce que l'on sème souvent la graine au printemps.

Dans ce cas, elle ne germe pas, quelle que soit la qualité de la graine ; il est donc indispensable de la semer au plus tard en octobre, la germination a lieu alors au printemps suivant.

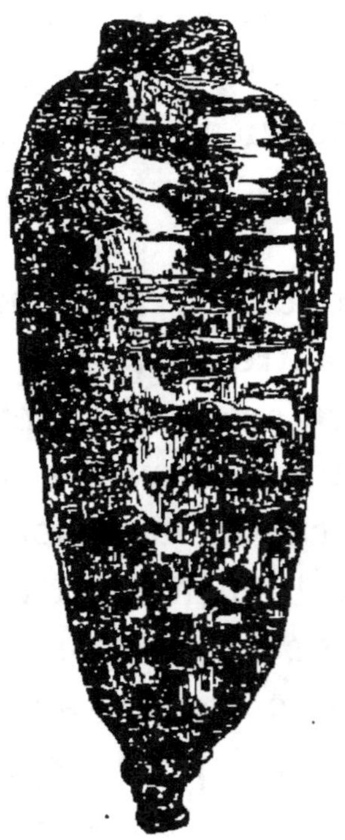

Fig. 7.
Cerfeuil bulbeux.

Pour éviter d'occuper aussi longtemps le terrain,

le mieux est de faire stratifier la graine ; pour cela on la mélange avec environ deux tiers de son volume de terre légère ou de terreau, on emplit un ou plusieurs pots de ce mélange que l'on enterre assez profondément dans un des coins du jardin.

En février ou mars, on sème les graines ainsi préparées, la germination a alors lieu rapidement.

Comme toutes les plantes potagères, le cerfeuil bulbeux a besoin d'espace pour donner de beaux produits, et l'on doit, au printemps, lors de la levée des graines, éclaircir le plant quand il est trop épais.

Depuis l'époque du semis jusqu'à la récolte des racines, qui peut avoir lieu dans le courant de juillet, le cerfeuil bulbeux n'exige que des soins de propreté. On le mange cuit, comme les pommes de terre ; il est beaucoup plus féculent et légèrement sucré.

Dans les conditions ordinaires, on récolte 150 kil. de racines par are.

Graine. — On choisit, après la récolte, les plus belles racines, que l'on replante en automne. La graine mûrit en juillet ; elle n'est bonne que pendant un an ou deux.

CERFEUIL CULTIVÉ
(SCANDIX CERBFOLIUM)

Le cerfeuil peut être semé presque à toutes les époques de l'année, sauf la saison la plus rigoureuse, soit en lignes, soit à la volée, dans les intervalles laissés vacants par d'autres cultures. Sous l'influence des chaleurs de l'été, il monte si promptement en graine, que, pour n'en pas manquer, il faut renouveler fréquemment les semis, et choisir de préférence les endroits les plus ombragés.

Graine. — La meilleure graine de cerfeuil est celle qu'on récolte sur les plantes provenant des semis d'automne ; ces graines mûrissent vers la fin de juin ; elles conservent leurs facultés germinales pendant trois ans.

CHAMPIGNONS
(AGARICUS EDULIS)

Parmi les champignons qui croissent à l'état sauvage sur notre sol, il en est plusieurs qu'on peut manger sans danger ; tels sont en particulier les *Coulmells*, les *Ceps*, les *Chanterelles* et les *Oronges* du midi de la France ; mais, pour se hasarder à les consommer, il faut être certain de les connaître parfaitement. Le plus prudent est de s'en tenir aux *Morilles*, sur lesquelles il ne peut y avoir d'erreur, et au *Champignon comestible* ou *Champignon cultivé*, connu sous les noms de *Champignon champêtre*, *Champignon de bruyère*, *Champignon des prés*, *Champignon de couches*.

Ce champignon croît spontanément sur les vieilles couches et sur les tas de fumier. Pour en avoir à volonté, l'on construit des couches avec du fumier de cheval, le seul qui produise des champignons en abondance; le fumier doit être bien pénétré d'urine.

Fig. 8.

Champignon cultivé.

En automne, les couches à champignons peuvent être établies à l'air libre; mais, au printemps et en été, elles doivent être formées de préférence dans un cellier ou dans une cave. Quelle que soit l'époque de l'année à laquelle on opère, le fumier, avant de servir pour monter les couches à champignons, doit être préalablement mis en tas.

Lorsqu'il a pris sa chaleur, on le retourne une

première fois, puis une seconde à huit ou dix jours d'intervalle, ayant soin chaque fois de reporter au centre du tas le fumier qui se trouvait précédemment sur les bords. S'il est trop sec, on l'humecte suffisamment pour favoriser la fermentation, après quoi on le laisse en tas jusqu'à ce qu'il ait donné toute sa chaleur ; quand il a pris une couleur brunâtre, qu'il est gras sans être humide, il est bon à mettre en *meule*, sorte de couche large de 65 centimètres sur à peu près autant de hauteur, en forme de dos d'âne au sommet.

Au moment où l'on établit les meules, le fumier doit être mélangé de nouveau et foulé assez fortement pour qu'une fois construite la couche ne subisse plus de tassement ; quelques jours plus tard, on introduit le blanc de champignon dans la couche. Cette opération, que l'on nomme *larder*, consiste à pratiquer de chaque côté de la couche des ouvertures dans lesquelles on introduit des morceaux de blanc, ordinairement larges de trois doigts et longs de 8 à 10 centimètres. Aussitôt après, on a soin d'appuyer légèrement sur la couche pour mettre le blanc en contact parfait avec le fumier.

La couche est ensuite recouverte avec de la litière longue lorsque la culture des champignons se fait à l'extérieur ; on peut s'en dispenser lorsqu'elle est établie dans un cellier ou dans une cave. Au bout de huit à dix jours, si l'on observe de petits filaments blancs qui commencent à s'étendre sur toute la surface de la couche, on enlève la couverture de litière et l'on pose sur la totalité de la superficie environ 3 centimètres de terre fine qu'on appuie légèrement. Si l'on s'aperçoit que, dans quelques parties, le blanc de champignon n'est pas pris, on doit en remettre et attendre qu'il ait pris également partout pour couvrir la couche de terre, ce qu'à Paris on nomme *gopter* la couche; arrivé à ce point, il ne reste qu'à replacer la litière et à attendre que les champignons poussent pour les récolter.

En Lorraine, pour se procurer des champignons, on ne construit pas de couches spéciales : on se contente de mettre le blanc dans des couches à melons; mais ce procédé ne réussit pas constamment.

Dans le midi de la France, on fait sécher chaque année une quantité considérable de champignons de l'espèce connue sous le nom de *Ceps*. Tenus sèchement, ces champignons se conservent facilement d'une année sur l'autre sans rien perdre de leur saveur.

Blanc de Champignon. — On nomme blanc de champignon des petits filaments blancs semblables à de la moisissure. On le trouve dans le fumier amoncelé depuis longtemps ; mais , afin d'éviter toute erreur, et pour ne pas prendre le *blanc* d'une espèce vénéneuse, il est préférable de le récolter sur une meule déjà en rapport, où l'on n'aurait encore cueilli qu'une fois.

Placé dans un lieu sec, le blanc de champignon peut se conserver pendant deux ans.

CHICORÉE SAUVAGE

(CICHORIUM INTIBUS). Synonymie : *Chicorée amère, Cheveux de paysans, Écoubettes.*

La chicorée sauvage se sème depuis le mois d'avril jusqu'au mois de septembre. On la sème habituellement en lignes pour garnir le bord des allées du potager.

La première année, les feuilles naissantes sont mangées en salade ; au printemps suivant, les racines sont rechargées d'une couche de terre épaisse de quelques centimètres pour faire blanchir les feuilles, qui, sans cette préparation, ne seraient pas assez tendres.

A l'approche des premiers froids, on peut arracher les racines des plantes de chicorée sauvage semées en avril. On les réunit par bottes qu'on plante à la cave, soit dans une couche sourde, soit tout simplement dans de la terre légère. Ces racines, dont la température douce qui règne dans la cave favorise la végétation, produisent de longues feuilles d'un blanc jaunâtre qu'on mange en salade; elles sont connues sous le nom vulgaire de *Barbe de Capucin.*

Par ce procédé, aussi simple que peu coûteux, chacun peut avoir chez soi de la salade mangeable pendant tout l'hiver.

On peut aussi, quand on a du fumier et des châssis, placer tout simplement ses racines de chicorée à plat sur une petite couche que l'on recouvre de châssis et de paillassons.

Chicorées frisées. — Deux variétés de chicorée frisée sont cultivées dans les jardins potagers : ce sont la *Chicorée fine d'Italie*, qui se sème en avril et mai, et la *Chicorée de Meaux*, qui se sème en juin et juillet.

Dans le midi de la France, on sème sans inconvénient la chicorée d'Italie en pleine terre; dans les départements du centre, il est nécessaire de la semer sur couche chaude, parce que, pour obtenir du plant de cette chicorée qui ne soit pas sujet à monter immédiatement au lieu de *pommer*, il faut que la graine lève dans le moins de temps possible.

La chicorée de Meaux peut toujours être semée en pleine terre à bonne exposition, parce qu'en juin et juillet la terre est assez échauffée pour que, même dans le Nord, on puisse se dispenser de

semer sur couche. La graine ne doit être que légèrement recouverte ; en cas de sécheresse, on
arrose pour l'aider à lever.

Le sol destiné au repiquage des chicorées frisées
reçoit un bon labour, puis on le façonne en planches de 1 mètre 33 centimètres de largeur, qu'on
recouvre d'un paillis assez épais. Chaque planche
reçoit six rangées de plants, en lignes, à 45 centimètres les uns des autres dans les lignes ; on arrose immédiatement pour assurer le succès de la
plantation. Lorsque les chicorées semblent avoir
pris toute leur croissance, on réunit toutes les
feuilles extérieures étalées sur le sol ; on les atta-
che avec un lien de paille pour les faire blanchir.

Les maraîchers des environs de Paris, afin d'éviter le travail du repiquage, sèment la chicorée de
Meaux à la volée sur le terrain qui vient de porter une récolte d'oignon blanc, de choux ou de
pommes de terre précoces. On éclaircit les plantes pour qu'elles se trouvent convenablement espacées ; elles sont attachées, plus tard, comme
les chicorées repiquées.

On cultive dans les jardins maraîchers, outre
les chicorées d'Italie et de Meaux, une espèce de
chicorée à larges feuilles nommée *Scarole ;* sa culture est exactement la même que celle de la chicorée de Meaux.

Chicorée frisée de la passion. — On la sème au mois d'août, puis on la repique le long d'un mur à bonne exposition, comme la laitue de la passion. Traitée exactement de la même manière, elle est bonne à récolter à la même époque.

Graine. — La graine de chicorée sauvage se récolte sur des plantes de deux ans. On réserve pour porte-graines, parmi les chicorées frisées, quelques-unes des plus belles touffes choisies parmi celles qui ont été plantées les premières. Leur graine murît en septembre ; elle conserve pendant cinq à six ans ses propriétés germinatives.

CHOUX

(BRASSICA OLERACEA)

Les choux, comme toutes les plantes qui prennent un très-grand développement, fatiguent la terre ; on ne peut en espérer des récoltes satisfaisantes qu'en donnant au sol une fumure très-abondante.

Les choux admis dans la culture maraîchère sont classés en plusieurs races, subdivisées elles-mêmes en nombreuses variétés.

Choux pommés ou cabus. — Toutes les variétés de choux pommés peuvent être semées dans les premiers jours de septembre. Mais, pour qu'ils ne donnent pas tous leurs récoltes à la même époque, on ne sème en automne que les variétés hâtives connues sous les noms de *Chou d'York* et *Chou cœur-de-bœuf*. On repique le plant lorsqu'il a deux feuilles bien développées ; pendant cette opération, il faut avoir soin d'éliminer les plantes plus vigoureuses que les autres, et qui souvent sont dégénérées, et aussi toutes celles qui manquent de cœur, c'est-à-dire de bourgeon ou d'œil terminal.

Si le sol qu'on destine à la culture des choux est plutôt léger que fort, on le prépare en lui donnant, vers la fin de novembre ou au commencement de décembre, un labour pour entourer le fumier ; si la terre est plus forte que légère, on n'enterre le fumier qu'en février et mars.

Sur chaque planche de 1 mètre 33 centimètres de largeur, on trace quatre lignes parallèles dans lesquelles les choux précoces sont plantés à 65 centimètres de distance les uns des autres. La plantation se fait au plantoir ; il faut avoir soin d'enterrer le plant jusqu'aux premières feuilles ; la portion de tige enterrée donne des racines latérales qui contribuent à la bonne végétation des choux.

Les choux d'York et cœur-de-bœuf sont bons à récolter en mai et juin.

Cette récolte est enlevée d'assez bonne heure pour qu'on puisse planter immédiatement après des cardons, du céleri, des chicorées, de la laitue, de la romaine, de la poirée à carde semée en avril, des potirons, des poireaux semés vers la fin de mars; on peut également garnir le même terrain en y semant des carottes hâtives, des haricots ou des épinards.

On sème en avril, mai et juin, la graine des *Choux pommés de Saint-Denis, blanc de Bonneuil, de Vaugirard, Chou quintal* et *Chou pommé rouge.* Environ un mois plus tard, le plant obtenu de semis est repiqué immédiatement en place, sans avoir besoin, comme celui des choux hâtifs, d'être repiqué en pépinière. Les choux pommés se plantent, soit sur les bords des carrés consacrés à d'autres cultures, soit par planches en lignes, mais beaucoup plus espacés que les choux hâtifs.

Dans les jardins potagers, les choux sont arrosés comme les autres légumes; dans les grandes exploitations, ils ne reçoivent que des binages. En Alsace, les choux sont buttés à plusieurs reprises, ce qui donne à leur végétation une vigueur extraordinaire.

Les premiers choux pommés sont bons à récolter en automne; on récolte les autres successivement, en proportion des besoins, pour les livrer à la consommation. Lorsqu'on prend soin de les préserver des atteintes des fortes gelées, plusieurs de ces choux, particulièrement le chou de Vaugirard, se conservent en bon état jusqu'en mars et avril de l'année suivante.

Chou de Milan, ou Chou pommé frisé. — Les variétés dont la culture est le plus répandue dans cette série de choux sont le *Milan pied-court*, le *Pancalier de Touraine* et le *Milan des Vertus*. On sème ces choux au printemps, de mars en juin. Le plant est bon à repiquer en place immédiatement, un mois après que la graine a été semée. Dans les cultures maraîchères des environs de Paris, on sème une grande quantité de choux de Milan; le plant provenant de ces semis prend la place des pommes de terre précoces, des pois, des oignons blancs et des carottes hâtives, dès que ces divers produits ont été enlevés.

Les choux de cette série sont en général plus tendres que les choux cabus; ils n'exigent aucun soin particulier de culture; lorsqu'ils ne sont qu'à demi pommés, les fortes gelées ne leur causent aucun dommage.

Le *Chou de Bruxelles*, également connu sous les noms de *Chou à jets* et de *Chou rossette*, est une variété du chou de Milan; il se cultive exactement de la même manière.

De tous les procédés indiqués pour préserver des effets de la gelée les diverses espèces de choux, le plus simple est celui que pratiquent les cultivateurs de la plaine Saint-Denis. Lorsque leurs choux sont complétement formés, il les arrachent et les déposent sur le terrain, la tête en bas, la racine en l'air. Quand le temps se met à la gelée, ils ouvrent, avec une charrue, des sillons profonds dans lesquels ils placent les choux, en ayant soin de garnir de terre leurs racines. Pendant les gelées sévères, ils couvrent de fumier long les choux ainsi disposés.

Dans le Nord, où, en raison de la rigueur des hivers, ces moyens de préservation pourraient être jugés insuffisants, au lieu de couvrir les choux pour les empêcher de geler, on peut les faire sécher au four comme on le fait en Russie. Ce procédé de conservation consiste à préparer les choux comme si l'on voulait en faire de la choucroute[1] : après quoi, on les étend par couches de peu d'épaisseur sur des claies que l'on place dans un four chauffé à 35 degrés environ. Quand on n'a pas de thermomètre pour juger de la chaleur du four, le plus prudent est de ne

---

[1] Tous les choux à grosse pomme et non frisés conviennent pour faire de la choucroute. Enlevez les feuilles vertes, coupez les choux en deux pour ôter les grosses côtes, tranchez-les sur une table avec un couteau long, mince et bien affilé, de manière que les feuilles se trouvent coupées en filets menus. Mettez au fond d'un baril bien propre, ayant servi à du vin blanc,

mettre les choux dans le four qu'après avoir retiré le pain; autrement, ils pourraient brûler.

Le temps que les choux doivent rester dans le four ne pouvant pas être déterminé d'avance d'une manière exacte, on doit sortir les claies de temps en temps pour surveiller l'opération. Dès qu'ils sont aussi secs qu'ils doivent l'être, on les renferme dans un sac de toile, ou mieux dans une caisse en bois de sapin hermétiquement fermée. Si l'on s'aperçoit que, malgré cette précaution, ils ont pris de l'humidité, il faut, sans perdre de

un lit de sel, puis un lit de choux de 8 centimètres, semez dessus du genièvre, du poivre en grain et des feuilles de laurier; foulez avec un morceau de bois sans briser les choux, mettez un nouveau lit de choux, une couche de sel, et de deux en deux lits du genièvre, poivre et laurier, si vous les aimez, car beaucoup de personnes n'emploient que du sel. Le baril étant aux trois quarts plein, vous couvrez d'un morceau de forte toile, d'un couvercle de bois qui entre dans le baril, puis d'un poids de 30 à 40 kilogrammes fait de gros cailloux bien lavés. Pour 50 choux moyens on a dû employer 5 ou 6 livres de sel au plus, 3 ou 4 onces de genièvre, moitié autant de poivre en grain et 20 ou 30 feuilles de laurier. La fermentation commence bientôt, le couvercle descend, l'eau qui se forme surnage, on en enlève une partie sans laisser le couvercle à sec. Au bout d'un mois la choucroute commence à être bonne, on en prend, on lave la toile et le couvercle, que l'on remet et que l'on recharge d'eau fraîche après avoir ôté le dessus de celle que les choux ont produite. L'odeur qui s'exhale de la choucroute n'a rien d'inquiétant : c'est l'effet de la fermentation, et elle se perd au lavage. (*Cuisinière de la ville et de la campagne.*)

temps, les passer au four une seconde fois ; lorsqu'on les tient à l'abri des atteintes de l'air humide, ils peuvent se conserver plusieurs années.

Comme tous les légumes secs, les choux séchés au four doivent tremper quelques heures dans l'eau tiède avant de cuire ; ayant perdu beaucoup de leur volume en séchant, il n'en faut qu'une petite quantité pour remplir un grand plat lorsqu'ils sont cuits.

. On peut aussi, comme l'ont indiqué MM. Sylvestre et Alaine dans le tome II des *Annales de la Société d'horticulture de Seine-et-Oise*, arracher en automne, par un temps sec, les choux qu'on se propose de conserver. On supprime les plus grandes feuilles extérieures ; puis, quand ils sont suffisamment *ressuyés*, on les suspend par les racines, la tête en bas, dans un cellier, dans une grange ou sous un hangar ; ils s'y gardent facilement jusqu'en avril de l'année suivante.

Lorsqu'on les détache pour les faire cuire, ils paraissent mous et coriaces ; mais, après avoir trempé pendant quelques heures dans l'eau, ils reprennent leur bonne apparence sans avoir rien perdu des qualités propres à leur race.

Chou vert. — On cultive dans tout l'ouest de la France, sous les noms de *Chou vert*, *Chou de Bretagne*, *Chou cavalier*, *Chou arbre*, un grand chou à haute tige, qui ne forme pas de pomme. La graine de ce chou, semée en mars, donne du plant bon à mettre en place en juin, à la distance de 1 mètre en tous sens. Bien que ce chou soit le plus souvent cultivé pour la consommation des bestiaux, on peut cependant en manger les feuilles en hiver, et les jeunes pousses au printemps. Un autre grand chou à feuilles rouges, connu sous le nom de *Choux caulet de Flandres*, est cultivé pour les mêmes usages dans le nord de la France.

Deux espèces de choux qui ne pomment pas et dont on mange seulement les feuilles sont cultivées aux environs de Paris : ce sont le *Chou à grosses côtes* et le *Chou fraise de veau*. Leur graine se sème en mai et juin pour donner du plant bon à mettre en place en juillet et août. Le chou à grosses côtes se récolte en automne ; le chou fraise de veau n'est livré à la consommation qu'au printemps ; il est insensible à la gelée.

Chou-rave, Col-rave ou Chou de Siam. — La partie inférieure de la tige de ce chou (fig. 9), au-dessus du collet de la racine, est renflée en forme de boule charnue de laquelle sortent les feuilles : c'est la partie comestible de ce chou, celle en vue de laquelle il est cultivé.

On sème la graine de ce chou en pépinière, en mars, avril ou mai, suivant que la variété qu'on cultive est plus ou moins hâtive. On repique le plant à la distance de 40 centimètres en tous sens, puis on donne dans le courant de la bonne saison

Fig. 9. — Chou-rave.

plusieurs binages qui contribuent efficacement à faire grossir les racines. Le chou-rave a besoin, dans les années sèches, d'être butté pour devenir tendre et de bonne qualité.

Chou-navet. — Ce chou ne doit pas être confondu avec le précédent ; il en diffère par sa racine, qui a la forme et la contexture charnue d'un gros navet (fig. 10). Deux espèces distinctes de chou-navet sont cultivées; l'une, dont la racine est blanche à l'intérieur, est connue sous le nom de *Chou navet*, *Chou-turneps*, *Chou de Laponie* ; l'autre, qui porte le nom de *Rutabaga*, est cultivée sur une très-grande échelle pour l'élève du bétail, ce qui ne l'empêche pas d'être excellente pour l'homme. Ses racines, qui souvent deviennent énormes, ont la chair d'un jaune nankin à l'intérieur.

On sème la graine de chou-navet à la même

Fig. 10. — Chou-navet.

époque que la graine de chou-rave, en pépinière ou immédiatement en place, soit en lignes, soit à la volée. Suffisamment espacé et biné à propos, le chou-navet peut donner dans un sol favorable au delà de 400 kilogrammes par are.

Ces choux résistent parfaitement aux gelées des hivers ordinaires, à moins que le froid ne soit d'une rigueur exceptionnelle ; ils peuvent impunément rester en pleine terre ; ils s'y conservent en bon état jusqu'au printemps.

Graines. — Pour récolter de bonne graine de choux, on fait choix des pieds les plus parfaits et les plus francs de chaque variété. Après avoir coupé les têtes pour les livrer à la consommation, on continue de soigner les trognons, qu'on arrache pour les mettre en jauge et les couvrir pendant les gelées, excepté ceux des variétés qui n'ont rien à craindre l'hiver. Au printemps, on les met en place en ayant soin de les isoler de ceux de variétés différentes pour éviter les croisements accidentels. Ils donnent en juillet et août de la graine qu'il faut préserver des atteintes des oiseaux, qui en sont fort avides.

Chez quelques races délicates et tardives, il est utile de supprimer par le pincement le sommet des tiges lorsqu'elles commencent à fleurir, les fleurs des tiges latérales n'étant encore qu'en boutons ; par ce procédé, l'on obtient toute la floraison à la même époque ; la graine, qui dans ce cas mûrit tout à la fois, est toujours de meilleure qualité. Quant aux choux-navets et aux rutabagas, on réserve les plus belles racines comme porte-graines. Leur graine, comme celle de tous les choux, conserve pendant cinq à six ans ses facultés germinatives.

CHOU-FLEUR

(BRASSICA BOTRYTIS)

Un terrain fertile et de fréquents arrosements sont plus nécessaires au chou-fleur qu'à la plupart des autres plantes potagères. A moins qu'on ne dispose d'un sol naturellement frais, la culture du chou-fleur est du nombre de celles auxquelles il faut renoncer si l'on ne peut leur donner beaucoup d'eau.

Plusieurs variétés de choux-fleurs sont cultivées dans les jardins maraîchers ; elles diffèrent principalement entre elles quant à la précocité ; les choux-fleurs *tendres* sont les plus hâtifs ; ceux qui leur succèdent immédiatement sont nommés *demi-durs* ; ceux qu'on désigne sous le nom de *Choux-fleurs durs* sont les plus tardifs. Il est assez difficile de formuler un conseil positif quant au choix à faire entre ces trois variétés ; on peut néanmoins faire remarquer, comme donnée générale, que les choux-fleurs tendres prospèrent dans les terres légères, où ils réussissent mieux que les durs, et que, pour les demi-durs, ils viennent également bien à peu près partout.

Semis d'automne. — Si l'on veut avoir au printemps du plant de chou-fleur bon à mettre en place, on doit semer la graine de chou-fleur hâtif en automne, dans la première quinzaine de septembre. Lorsque le plant a ses deux premières feuilles bien formées, il est bon à repiquer en pépinière dans une plate-bande à l'exposition du midi.

Sous le climat de Paris, où les hivers sont souvent assez rigoureux, le plant de chou-fleur repiqué doit être couvert de châssis vitrés à l'approche des gelées, auxquelles il ne résisterait pas sans abri. Quand le froid devient assez sévère pour que la protection des châssis ne soit plus suffisante, on y ajoute des paillassons, du fumier ou des feuilles ; mais de manière à pouvoir toujours, chaque fois que l'état de la température extérieure le permet, donner de l'air au plant, qui sans cela se trouverait trop *tendre*, trop dépourvu de consistance, au moment où il devrait être mis en place après l'hiver. Sous le climat plus doux des départements du centre, les châssis ne sont plus nécessaires ; le plant de chou-fleur n'a besoin que d'être protégé par des paillassons, soutenus par des gaulettes, que l'on enlève quand il ne gèle pas. Dans le midi de la France, le plant de choux-fleurs hâtifs obtenus de semis en automne ne demande pas, pour passer l'hiver, d'autres soins que ceux qu'on accorde aux choux pommés précoces.

Le terrain qu'on destine à la culture des choux-fleurs, après avoir reçu un bon labour dans le

courant de mars, est divisé en planches de 1 mètre 33 centimètres, sur chacune desquelles on
trace trois lignes parallèles également espacées.
Le plant y est mis en place à 65 centimètres de
distance dans les lignes. Les choux-fleurs se plantent au plantoir, comme les autres choux, en
ayant soin de les mettre en terre jusqu'aux premières feuilles. Un arrosage est nécessaire aussitôt après la plantation pour assurer la reprise du
plant; à partir de ce moment, si l'on tient à
récolter de beaux choux-fleurs, il faut que le sol
soit tenu constamment frais par de fréquents arrosements. Pour que la pomme du chou-fleur soit
tendre et d'un beau blanc, on doit, aussitôt qu'elle
commence à se former et qu'elle atteint le volume
d'un œuf de poule, la couvrir avec quelques
feuilles intérieures, afin qu'elle soit préservée du
contact de l'air et de la lumière.

.Les maraîchers de Paris, pour ne pas laisser
inutile le terrain vacant dans les intervalles des
choux-fleurs pendant leur croissance, y plantent
de la laitue et de la romaine, ou bien ils y sèment
des radis ou des épinards. Ces produits sont enlevés avant les choux-fleurs précoces ou tendres;
lorsque les choux-fleurs ont été récoltés dans le
courant de juin, ils plantent sur le terrain devenu
libre du céleri, des chicorées, de la laitue, de la

romaine, des poirées à cardes, ou bien ils sèment des carottes hâtives, des haricots ou des épinards.

En Bretagne, où les choux-fleurs sont cultivés très en grand, on sème la graine en avril ; le plant est mis en place vers le milieu de juillet ; les choux-fleurs sont récoltés en septembre, octobre et novembre.

Semis de printemps. — Dans les jardins potagers en terre forte, terre plus favorable que la terre légère à la culture du chou-fleur en été, on peut semer à bonne exposition la graine de chou-fleur à la fin d'avril ou dans les premiers jours de mai ; le plant de ces semis n'a pas besoin d'être repiqué en pépinière ; on le met immédiatement en place ; il succède, soit aux oignons blancs, soit aux carottes hâtives, soit aux premières chicorées.

Les soins de culture à donner à ces choux-fleurs sont les mêmes que pour ceux qui ont été plantés au mois de mars ; ils ont seulement besoin plus que les autres que le sol soit couvert d'un bon paillis de fumier consommé, afin de prolonger le plus possible la durée de la fraîcheur résultant des arrosements. La laitue, la romaine et la chicorée peuvent être cultivées sans inconvénient dans les intervalles de cette plantation de choux-fleurs ; après la récolte, en juillet et août, il est encore temps de semer des épinards ou des mâches sur le terrain que les choux-fleurs ont occupé.

Semis d'été. — Lorsqu'on se propose d'avoir des choux-fleurs bons à récolter en autonne, il faut semer la graine à une exposition ombragée, dans la première quinzaine de juin. Le plant n'a pas besoin d'être repiqué en pépinière ; on le repique immédiatement en place dans le courant de juillet ; la saison étant trop avancée à cette époque pour que des laitues ou des chicorées puissent être plantées avec avantage dans les intervalles, on y sème des mâches ou des épinards.

Il est indispensable d'arroser largement les choux-fleurs plantés en juillet au moment de leur mise en place et les jours suivants, quel que soit l'état de la température ; car le succès de cette culture, comme de celle des choux-fleurs plantés à toute autre époque, dépend principalement de l'abondance des arrosements, qui doivent être surtout très-fréquents pendant les premiers mois.

Les choux-fleurs plantés en juillet sont bons à récolter en octobre et novembre, sous le climat de Paris ; il est possible d'en conserver jusqu'en février et même jusqu'en avril. On les coupe à cet effet *le plus tard possible*, c'est-à-dire qu'on les laisse sur pied tant que l'état de la température le permet. On fait choix pour la récolte d'un temps bien sec; les choux-fleurs, à mesure qu'ils sont coupés, sont suspendus la tête en bas dans un local où la gelée ne puisse les atteindre. Les choux-fleurs ainsi conservés se dessèchent en partie et diminuent sensiblement de volume; la veille du jour où ils doivent être livrés à la consommation, on retranche horizontalement l'extrémité du trognon, qu'on met tremper pendant quelques heures dans l'eau fraîche, en évitant soigneusement de mouiller la pomme. En peu de temps ils sont revenus à leur volume primitif sans avoir rien perdu de leurs qualités, telles qu'elles pouvaient exister au moment de la récolte.

Chou brocoli, *B. Botrytis Cymosa.* — Le brocoli est une variété de chou-fleur originaire d'Italie; on en sème la graine en juin pour repiquer le plant immédiatement en place en juillet, comme celui des choux-fleurs semés à la même époque. Ils redoutent moins que ces derniers les effets de la chaleur sèche; ils peuvent supporter sans périr un froid de quelques degrés, pourvu qu'il ne soit pas trop prolongé : on leur laisse même impunément passer l'hiver sans abri à l'air libre, sous le ciel brumeux de la Bretagne. Il est toutefois plus prudent de les relever en mottes en automne, ainsi que cela se pratique en Alsace, pour les replanter plus profondément dans des tranchées disposées de manière à pouvoir être couvertes avec du fumier ou des feuilles sèches pendant les gelées.

Deux variétés de brocolis, l'une blanche, l'autre violette, sont cultivées dans nos potagers; la variété violette, plus hâtive que la blanche, peut être semée au printemps pour en récolter les produits en automne.

Graines. — On fait choix des plus belles pommes de choux-fleurs et de brocolis pour les planter comme porte-graines au printemps; les meilleurs choux-fleurs pour cette destination sont toujours ceux qui proviennent de la première plantation. Ces choux-fleurs doivent être régulièrement arrosés jusqu'à l'époque où la graine approche de sa maturité; elle mûrit au mois d'août; elle conserve, comme celle de tous les choux, ses propriétés germinatives pendant cinq ou six ans.

CIBOULE COMMUNE

(ALLIUM FISTULOSUM). Synonymie : *Ail fistuleux*

La ciboule se sème à la volée à différentes reprises, depuis février jusqu'en juillet; pour protéger le jeune plant pendant les premiers temps de sa croissance, on sème en même temps que la graine de ciboule un peu de graine de radis; la graine de ciboule veut être très-peu recouverte;

on se borne, au lieu de l'enterrer, à répandre un peu de terreau par-dessus ; en cas de sécheresse, on arrose pour faciliter la levée.

La ciboule peut aussi se multiplier en divisant au printemps les touffes qui ont passé l'hiver. Les feuilles et les bulbes de la ciboule sont usitées en qualité d'assaisonnement.

Graines. — La ciboule est bisannuelle; la graine ne se récolte par conséquent que sur les plantes de deux ans ; elle doit se garder dans les capsules; elle y conserve pendant trois ans ses facultés germinatives.

CIVETTE

(ALLIUM SCHÆNOPRASUM). Synonymie : *Appétit*, *Ciboulette*, *Cives*, *fausse Échalote*.

Pour multiplier la civette, on divise, aux mois de février et de mars, les anciennes touffes et on les met en place dans une situation ombragée. La plante n'exige plus aucun soin ultérieur de culture. En automne, on coupe la plante au niveau du sol et l'on recharge la touffe de quelques centimètres de terreau.

La civette s'emploie comme fourniture de salade.

CONCOMBRE

(CUCUMIS SATIVUS)

Le concombre, qui ne peut, dans les pays du

Nord, se cultiver que sur couche, comme les melons, réussit bien en pleine terre dans les départements du centre de la France.

Les graines se sèment en place au mois de mai
dans des conditions différentes, selon la nature
du sol. Dans les terres fortes, on ouvre un trou
de 40 à 50 centimètres en tous sens qu'on remplit
de bon fumier par-dessus lequel on replace la
terre du trou. Il en résulte une légère éminence
dont on aplatit le sommet pour semer au centre
trois graines de concombre. Dans les terres légères, le trou ne doit pas avoir plus d'un fer de
bêche en tous sens ; la terre enlevée est remplacée
par du terreau dans lequel on sème trois graines
de concombre. Quelques jours après la levée des
graines, la plus vigoureuse des trois jeunes plantes
est seule réservée : on supprime les deux autres.

Quand le concombre a pris quatre ou cinq feuilles, on pince sa tige au sommet, au-dessus de la
seconde feuille. Ce pincement provoque la naissance de deux branches latérales qui, lorsqu'elles
sont à leur tour suffisamment développées, sont
taillées au-dessus de leur quatrième ou cinquième
feuille. Toutes les branches qui naissent après la
deuxième taille sont également taillées plus tard
à la même longueur. Alors, les fruits étant noués
en nombre plus que suffisant, on fait choix des

plus beaux et des mieux placés, et l'on supprime les autres.

Dans les jardins au sol naturellement humide, il est utile de donner aux concombres des rames pour soutien, comme on en donne habituellement aux pois et aux haricots, afin que les fruits ne posent pas sur la terre.

On peut également cultiver les concombres et les cornichons au pied d'un mur, à l'exposition du midi, comme des plantes d'espalier ; pourvu que le fumier et l'eau ne leur manquent pas, ils y végéteront rapidement et donneront de meilleurs produits que si les tiges, selon l'usage ordinaire, s'étendaient dans tous les sens, en rampant sur le sol.

On cultive généralement trois variétés de concombres, connues sous les noms de *Concombre blanc*, *Concombre vert long* et *Cornichon*. Ce dernier, plus rustique que les autres, n'a pas besoin d'être taillé. Ses fruits devant être cueillis presque aussitôt qu'ils sont noués, il importe que les branches de la plante s'allongent librement pour qu'elles portent le plus grand nombre possible de fruits. Du reste, la culture du concombre-cornichon est la même que celle des autres concombres.

Graines. — On laisse pourrir sur pied les fruits du concombre dont on se propose de récolter la graine; on lave les semences, qu'on fait ensuite sécher à l'ombre ; elles conservent pendant six à huit ans leurs propriétés germinatives.

COURGES

(CUCURBITA). Synonymie : *Citrouilles.*

Sous le climat de Paris, les graines de courges se sèment, soit au mois d'avril, sur couche, soit en place au mois de mai, dans des trous de 60 à 70 centimètres de diamètre et d'autant de profondeur, remplis de bon fumier par-dessus lequel on étend une couche de terre de 20 centimètres d'épaisseur.

On laisse le plant se développer en pleine liberté. Quand les tiges des variétés à très-gros fruits ont atteint la longueur d'environ 2 mètres, on les *marcotte* en les assujettissant sur le sol, où elles émettent des racines qui contribuent à leur vigoureuse végétation. Peu de plantes sont aussi avides d'eau et exigent des arrosements aussi copieux que les citrouilles. Dès qu'une tige a noué un fruit bien formé et bien placé qu'on juge à propos de conserver, on arrête cette tige en la taillant à deux ou trois yeux au-dessus du fruit. On ne peut déterminer, avec une précision rigoureuse, le nombre de fruits qui doit être laissé sur chaque pied ; en général, plus le fruit de la race adoptée est volumineux, plus ce nombre doit être restreint ; aux environs de Paris, pour obtenir des fruits réellement énormes, les maraîchers ne conservent pas plus d'un ou deux fruits sur chaque plante.

Les variétés de courges cultivées pour l'usage alimentaire sont assez nombreuses ; toutes se cultivent comme je viens de l'exposer. Les plus estimées sont : le *gros Potiron jaune*, le *Potiron d'Espagne*, le *Potiron de Corfou*, le *Giraumont turban* ou *Bonnet turc*, la *Courge de l'Ohio*, la *Courge à la moëlle* et la *Courge sucrière du Brésil*.

Depuis une douzaine d'années, les jardiniers maraîchers des environs de Paris préfèrent, avec raison, aux variétés à fruit énorme, les courges à fruit comprimé, tels que le P. d'Espagne, le giraumont turban etc., qui sous un moindre volume, renferment autant et plus de substance nutritive ; ces espèces n'ayant pas d'air à l'intérieur, se conservent beaucoup mieux que les autres.

On cultive dans le Midi, sous le nom de *Souquette*, la *Courge pleine de Naples* dont les fruits sont récoltés à peine formés, c'est-à-dire lorsqu'ils ont atteint la grosseur des cornichons.

En Afrique et en Égypte les Arabes les mangent crus, et en font une grande consommation. Passé à l'eau bouillante et accommodé à la sauce blanche, ou froid assaisonné à l'huile et au vinaigre, ce légume ainsi préparé ressemble comme saveur aux pointes d'asperges.

Graines. — Quand les fruits des diverses variétés de courges sont livrés à la consommation, on réserve pour semence la graine de ceux qui se montrent le plus francs d'espèce ; ces graines conservent leurs propriétés germinatives pendant quatre ou cinq ans.

CRESSON ALÉNOIS

(LEPIDIUM SATIVUM). Synonymie : *Cresson des jardins, Passerage cultivé, Passerage, Nasitor, Nascitar.*

On peut semer la graine du cresson alénois presque à toutes les époques de la belle saison, à l'exception des fortes chaleurs de l'été, pendant lesquelles la plante fleurit et porte graine, pour ainsi dire, en sortant de terre. Il faut semer peu de cette graine à la fois, quelle que soit la saison, sauf à renouveler souvent les semis, car cette plante est de toutes les plantes potagères celle qui végète le plus rapidement.

Le cresson alénois est utilisé comme fourniture de salade.

Graines. — La meilleure graine de cresson alénois est celle qu'on récolte sur les plantes provenant des semis faits en automne ; elle est mûre au mois de juin ; elle conserve ses propriétés germinatives pendant cinq ou six ans.

CRESSON DE FONTAINE

(SISYMBRIUM NASTURTIUM) Synonymie : *Cailli, Crêsson d'eau, Cresson de ruisseau, la Santé du corps.*

Le cresson de fontaine se rencontre fréquemment à l'état sauvage ; il croît naturellement dans les eaux courantes peu rapides : il suffit, pour en obtenir des récoltes abondantes, de le débarrasser du voisinage incommode des plantes sauvages qui gênent son développement. Le cresson de fontaine se multiplie très-facilement ; pour le propager dans les localités favorables à sa croissance, où il n'en existe pas, il ne faut qu'en repiquer de distance en distance quelques tiges, qui s'enracinent et s'étendent en très-peu de temps.

Aux environs de Paris, où la consommation du cresson de fontaine est très-étendue, cette plante est cultivée dans des fosses disposées de manière à pouvoir être submergées à volonté ; on plante le cresson dans le fond de ces fosses, au mois d'août ; l'opération consiste simplement à disposer à plat sur le sol des tiges de cresson ; quinze jours plus tard, ces boutures faites à plat étant suffisamment enracinées, on introduit dans les fosses 10 à 12 centimètres d'eau.

Des sources vives alimentent ces cressonnières artificielles et l'eau y est introduite par l'une des extrémités de la fosse au moyen d'une vanne qu'on lève plus ou moins selon le besoin.

On mange le cresson de fontaine en salade ou cuit et préparé comme les épinards.

Le cresson de fontaine peut aussi se multiplier par le semis, mais ce moyen est peu employé en raison de la finesse de la graine qui rend la réussite incertaine, elle doit être semée sur un terrain découvert, et l'on ne doit faire arriver l'eau que lorsque le plant a déjà une certaine force.

CRESSON DE TERRE

(ERYSIMUM PRÆCOX). Synonymie : *Cresson vivace, Cresson des jardins, Cresson des vignes, Erysium printanier, Roquette.*

Le cresson vivace peut, au besoin, remplacer le cresson de fontaine, dont il a tout à fait la saveur, seulement avec un peu plus de piquant. Cette plante se sème au printemps, soit en lignes, soit à la volée; elle n'exige aucun soin de culture; elle brave les plus fortes sécheresses. On la rencontre fréquemment à l'état sauvage dans les lieux incultes, élevés et secs.

ÉCHALOTE

(ALLIUM ASCALONICUM). Synonymie : *Chalote.*

L'échalote produit un très-grand nombre de caïeux qui servent à la multiplier; on les plante en février et mars, à 8 ou 10 centimètres les uns des autres en tous sens, presque à fleur de terre, afin d'éviter un excès d'humidité que cette plante ne supporte pas. On fait choix, pour la plantation, des caïeux les plus minces et les plus allongés ; ce sont ceux qui forment les meilleurs bulbes.

L'échalote ne réclame d'autres soins que quelques binages pendant l'été. On arrache les bulbes lorsque leurs feuilles se sont desséchées naturellement ; c'est le signe le plus certain de leur maturité ; les échalotes passent ensuite deux ou trois jours sur le sol, exposées au soleil avant d'être serrées dans un lieu sec pour les conserver.

L'échalote est un assaisonnement à peu près indispensable dans la cuisine européenne.

La variété connue sous le nom d'*Échalote de Jersey*, d'*Échalote oignon*, est remarquable par sa production et la beauté de ses bulbes.

ÉPINARDS

(SPINACIA OLERACEA). Synonymie : *Espinoche, grand Epinard, gros Epinard.*

La graine d'épinards peut être semée depuis le mois de février jusqu'en octobre ; mais les semis faits pendant les chaleurs de l'été ne peuvent donner de bons résultats : l'épinard semé à cette époque de l'année forme immédiatement sa tige florale, monte et ne produit que peu de feuilles, qui sont de qualité inférieure c'est donc au printemps et en automne que les épinards peuvent être semés avec le plus d'avantage. On sème, soit en lignes, soit à la volée, en planches, à raison de 400 grammes de graine par are ; l'épinard se sème aussi dans les planches de pois, entre les lignes, et dans les intervalles des plantations de choux et de choux-fleurs. Mais, quel que soit l'emplacement qu'on choisisse pour les épinards, ils doivent toujours être semés clair, si l'on veut en obtenir de belles feuilles. La semence est enterrée par un hersage par-dessus lequel on répand une couche mince de fumier bien consommé pour tenir lieu de paillis. Un ou deux arrosements, au besoin, facilitent la levée des épinards. La récolte des feuilles se continue jusqu'à ce que les tiges commencent à monter.

Deux variétés principales d'épinards sont généralment cultivées : ce sont l'*Épinard de Hollande*, et l'*Épinard d'Angleterre*.

Graines. — La meilleure graine d'épinards est celle qu'on récolte sur des plantes bisannuelles, semées en automne pour porter graines l'été suivant, au mois de juillet ; elle conserve ses propriétes germinatives pendant trois ans.

ESTRAGON

(ARTEMISIA DRACUNCULUS). Synonymie : *Torgon, Dragon.*

L'estragon se multiplie par la division ou l'*éclat* des anciennes touffes. Au printemps, les pieds séparés, munis de racines, sont plantés à bonne exposition. Pour les conserver, on coupe, à l'entrée de l'hiver, tiges et feuilles au niveau du sol, puis on les recouvre de plusieurs centimètres de terreau.

Les feuilles sont utilisées comme fourniture de salade ; elles servent aussi comme assaisonnement pour aromatiser le vinaigre de table, la moutarde et les cornichons.

FÈVE

(FABA MAJOR). Synonymie : *Fève de marais, Fave, Favelote, Gourgane.*

Le tempérament de cette plante est si robuste, qu'elle réussit à peu près dans tous les terrains. Dans le midi de la France, on sème les fèves en octobre ; les hivers très-doux ne peuvent les endommager ; dans les départements du Nord, on les sème en avril, et, dans ceux du Centre, en février ou en mars. Sous ce climat, il ne faudrait pas retarder cette semaille après le mois de mars ; autrement les jeunes pousses de la plante se trouveront, en été, en proie aux pucerons noirs, dont il sera très-difficile de les délivrer. Cet insecte se multiplie avec une si prodigieuse rapidité, que, si l'on ne prend soin d'enlever chaque jour le sommet des touffes qui en sont infestées, la plante entière ne tarde pas à périr d'épuisement.

Les fèves se sèment, soit en lignes, soit par touffes; dans un cas comme dans l'autre, les plantes doivent être suffisamment espacées entre elles pour que l'air et la lumière y circulent librement, sans quoi les fleurs couleront et ne donneront aucun produit.

Pour utiliser le terrain dans les intervalles des lignes de fèves, on peut y semer des pois ou bien y planter des pommes de terre. On peut aussi, au lieu de former des planches entières de fèves, les semer en bordure autour de carrés de choux. Pour les semer en lignes, on ouvre des raies de 8 à 10 centimètres de profondeur; les fèves y sont déposées à environ un décimètre les unes des autres. Lorsqu'on sème par touffes, on ouvre des trous à la houe, espacés entre eux de 30 à 35 centimètres en tous sens; on dépose dans chaque trou 4 ou 5 fèves qu'on recouvre très-légèrement; on ne doit pas employer plus de trois litres de semence par are. Quand les fèves sont bien levées, on donne un premier binage; alors seulement on achève de remplir les trous.

Lorsque les fèves sont cultivées en terre légère, il est utile de pratiquer un buttage qui donne aux plantes plus de vigueur. Dès que les fèves sont défleuries, on pince toutes les sommités afin de forcer la sève à tourner au profit de la production des semences. Dans la culture maraîchère parisienne, l'on n'arrose pas habituellement les fèves ; cependant, en cas de sécheresse très-prolongée, il serait avantageux de leur donner un peu d'eau de temps à autre, comme on le fait dans le midi de la France.

Les fèves qu'on se propose de consommer en hiver comme légume sec ne doivent pas sécher sur pied ; on les arrache dès que les cœurs commencent à noircir ; elles restent sur le sol pendant huit à dix jours, au bout desquels on les lie par petites bottes que l'on conserve, soit dans un grenier ou dans une grange, soit en meules comme les céréales.

Un are de terre de fertilité moyenne, dans les circonstances ordinaires, produit de 25 à 30 litres de fèves sèches. Quand cette récolte est enlevée, on peut encore obtenir du même sol une récolte de navets.

En Hollande, où, en raison de la longueur des hivers, on est privé de légumes frais beaucoup plus longtemps qu'en France, on sait conserver aux fèves pendant un an et même au delà les qualités qui les font rechercher pendant leur primeur ; le procédé mis en usage à cet effet est simple et peu coûteux. Les fèves sont récoltées au point où l'on est dans l'usage de les cueillir pour les manger en vert ; on les écosse immédiatement, puis on les étend sur des plaques de tôle garnies de papier blanc, que l'on place dans un four chauffé, comme pour faire sécher les choux, à 25 degrés environ. Quand leur dessiccation est complète, on les conserve dans une boîte hermétiquement fermée. Toutes les espèces de fèves peuvent être soumises à ce procédé de conservation ; mais celles dont le grain est petit sont généralement plus estimées que celles dont le grain est volumineux. De même que toutes les graines légumineuses qui se consomment en sec, les fèves séchées au four veulent être trempées pendant quelques heures dans l'eau avant de les faire cuire.

On consomme en assez grande quantité dans le midi, des fèves que l'on a fait griller au four et que l'on vend dans les rues comme les noisettes.

Graines. — Les fèves destinées à servir de semences sont prises parmi celles qu'on réserve pour les manger comme légume sec ; lorsqu'on les laisse dans leurs cosses desséchées, elles y conservent pendant cinq ou six ans leurs propriétés germinatives.

FRAISIER

(FRAGARIA VESCA)

Le fraisier se multiplie, soit par ses graines, qui se sèment en mai et juin, soit par ses filets ou coulants, qui se plantent au printemps ou en automne. La multiplication par les filets est de beaucoup la plus usitée. Quelle que soit l'époque à laquelle le plant est mis en place, le sol doit être avant tout préparé par un bon labour et par une fumure abondante d'engrais bien consommé. Ce sol est ensuite divisé par planches de 1 mètre 33 centimètres de largeur, sur lesquelles on trace quatre lignes s'il s'agit de planter des fraisiers des Alpes des quatre saisons, et trois lignes seulement lorsqu'on se propose de planter des fraisiers des autres variétés à gros fruit. On plante dans les lignes les fraisiers des Alpes à la distance de 30 ou 40 centimètres, et tous les autres à la distance de 40 à 50 centimètres.

Au printemps, après avoir donné un léger binage, on étend sur toutes les planches de fraisiers un bon paillis pour maintenir la fraîcheur du sol, ainsi que celle des arrosements, qui ne doivent pas être ménagés lorsque le besoin s'en fait sentir.

On supprime avec le plus grand soin les filets avant que leurs nœuds se soient enracinés; c'est à quoi se borne la culture de la première année.

L'année suivante, on recharge la surface de la planche de quelques centimètres de terre, afin de *rehausser* les pieds des fraisiers; ce rechargement doit être renouvelé tous les ans, si l'on veut que la production et la qualité du fruit se maintiennent à leur maximum, par suite de la plus grande vigueur des fraisiers.

En dépit de ces soins, les fraisiers sont épuisés au bout de deux ou trois ans, quatre ans au plus pour quelques variétés à gros fruit qui ne remontent pas, et qui ne produisent rien la première année de la plantation, à moins d'avoir été planté en juillet ou août au plus tard. On peut admettre en règle générale que les plantations de fraisiers doivent être renouvelées tous les deux ou trois ans pour les variétés remontantes et plus au moins bifères, et tous les trois ou quatre ans pour les variétés non remontantes.

Tous les fraisiers peuvent être plantés en bordure le long des allées du potager; le meilleur pour cette destination est le fraisier *sans filets* ou *buisson de Gaillon*, variété de la fraise des Alpes qui ne produit pas de coulants.

Les variétés à gros fruits, *Marguerite, Sir Harry*

Admiral Dundas, Duc de Malakoff, Docteur Morere, la Chalonnaise, sont celles que nous considérons comme les plus méritantes.

Graines. — Pour récolter de bonne graine on fait choix des plus belles fraises de chaque variété, auxquelles on laisse atteindre leur entière maturité ; alors on les écrase, puis on les lave pour séparer les semences. La graine du fraisier remontant dit des quatre saisons se récolte de préférence sur les fruits mûrs dans le mois d'octobre ; ce fraisier étant le seul qui fleurisse et donne des fruits à cette époque de l'année, on s'assure par là qu'il ne peut pas y avoir eu de croisements accidentels avec les autres races, et l'on maintient le fraisier remontant dans toute sa pureté.

La graine de fraisier, séchée après avoir été lavée, ne conserve que pendant un an ses propriétés germinatives.

HARICOTS

(PHASEOLUS VULGARIS). Synonymie : *Fascolus, Favercie, Faviolle, Fayaux, Fayon, Fève, Fève à visage, Fève de mer, Fève teinte, Féverole, Petite fève, Pois anglais, Pois long, Pois de mai, Pois de mer.*

Les haricots, pour donner des récoltes abondantes, veulent une terre fumée sans parcimonie, mais avec de l'engrais bien consommé et non pas avec du fumier long en fermentation. Les haricots sont semés dans le midi de la France vers la fin de mars; dans le nord, pendant la seconde quinzaine de mai, et dans les départements du centre, pendant la seconde quinzaine du même mois.

Sous le climat de Paris, on peut semer à bonne exposition dès les premiers jours de mai; on peu- aussi repiquer à la même époque, en plein air, des haricots semés sur couche dans la seconde quinzaine d'avril; mais, dans ce cas, il faut être suffisamment muni de cloches de verre ou de châssis vitrés pour préserver au besoin les haricots repiqués des atteintes des gelées blanches très-fréquentes au printemps.

Dans le jardin potager, les haricots sont princi-palement cultivés dans le but de manger leurs gousses fraîches comme haricots verts; les semis de haricots ayant cette destination peuvent être continués successivement de quinze en quinze jours, depuis la première semaine du mois de mai jusqu'à la seconde semaine du mois d'août. Après l'enlèvement des récoltes de choux et de choux-fleurs plantés en mars, on peut semer des hari-cots sur l'emplacement qu'ils ont occupé; ce sont aussi des haricots qu'on sème pour remplacer les carottes précoces récoltées les premières.

Les haricots se sèment, soit en lignes, soit par touffes. Les semis en lignes sont préférables dans les terres humides et froides; les semis par touffes donnent de meilleurs résultats dans les terres légères et sèches. Pour les semis en lignes, on ouvre des raies peu profondes espacées entre elles de 30 à 40 centimètres; on y sème les haricots à 10 ou 12 centimètres les uns des autres, selon le développement que doit prendre la variété adoptée; pour les semis par touffes, on ouvre à la houe des trous espacés entre eux de 60 centimètres en tous sens, si l'on se propose d'y semer des haricots de races naines. Quand le terrain est fertile, les haricots à rames peuvent être semés par touffes à la distance de 90 centimètres et même de 1 mètre, en déposant pour chaque touffe cinq à six semences : on emploie environ deux litres de semence par are.

Les semis étant faits selon les variétés, comme on vient de l'indiquer, on donne aux haricots un léger binage dès qu'ils sont bien levés, puis on donne des rames aux variétés qui en ont besoin pour résister avec plus d'avantage à la violence des vents; on peut, comme cela se fait en Belgique, croiser les rames par le haut, et les attacher à d'autres perches placées horizontalement (fig. 11).

Au lieu de donner des rames aux haricots, on sème du maïs dans le midi de la France, pour leur servir de support.

Dans les années chaudes et sèches, la prolongation des sécheresses expose les fleurs de haricot à couler ; dans ce cas, s'il n'est pas possible de les arroser à fond, on peut toujours les bassi-

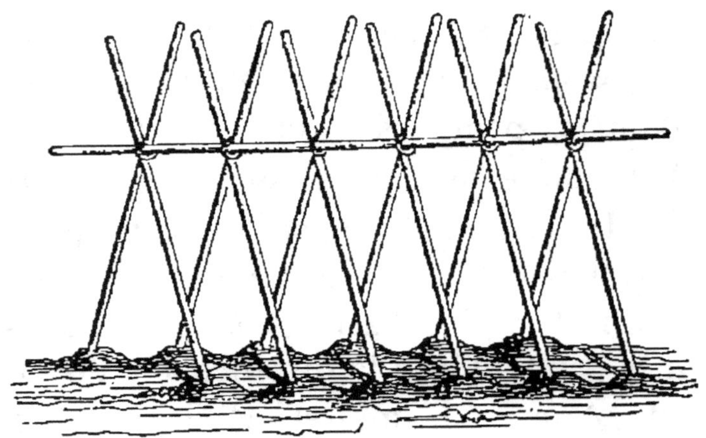

Fig. 11. — Rames à haricots.

ner, c'est-à-dire rafraîchir les plantes par un arrosage superficiel ; cela suffit ordinairement pour prévenir la coulure.

Si l'on se propose de les récolter secs et de les consommer en hiver, il faut réserver pour cette destination les premiers semés pendant le courant du mois de mai. Sauf un petit nombre de races hâtives, telles que le haricot nain de Hollande, qui mûrit encore bien sa graine lorsqu'on le sème dans la première quinzaine de juin, les haricots semés à cette époque de l'année arrivent difficilement à maturité.

Quand les gousses ou *cosses* sont parfaitement sèches, les haricots doivent être arrachés; ils restent pendant quelques jours étendus sur le sol, après quoi ils sont liés par petites bottes et conservés au grenier pour être écossés ou battus à loisir. Dans quelques localités, on les conserve suspendus par paquets aux murs des habitations à l'extérieur.

Les haricots à rames, particulièrement le haricot de Soissons, le meilleur de tous, sont très-productifs; ils donnent souvent par are 40 litres de haricots secs. Les variétés naines rendent 20, 25 et jusqu'à 30 litres par are.

Le terrain rendu libre par une récolte de haricots semés au mois de mai peut recevoir une plantation de choux de Milan ou de choux-fleurs dont on a semé la graine dans la première quinzaine de juin; on peut utiliser ce terrain en y semant des pois à consommer en vert, des carottes hâtives, des chicorées frisées, dès navets, des mâches et des épinards.

Les variétés naines, telles que le haricot nain de Hollande, le flageolet, le Bagnolet, le jaune du Canada, le Soissons nain ou gros pied, sont les meilleures pour la récolte du haricot vert.

On cultive, pour en manger le grain sec, le Soissons à rames et le sabre à rames. On peut consommer à volonté, soit à l'état frais un peu avant leur maturité, soit à l'état sec, les haricots mange-tout à rames, connus sous les noms de *Predome*, *Prague rouge*, *Prague jaspé* ou *Haricot-chou*, *Prague noir* ou *Haricot-beurre* à cosses jaunes, *Haricot-beurre* à cosses violettes.

En Angleterre et en Belgique, on cultive, pour en manger les gousses en vert, plusieurs variétés de haricots sabre à gousses très-longues et très-larges, qu'on divise en longs filets avant de les faire cuire.

On peut faire sécher au four les haricots verts comme les fèves, afin de pouvoir en manger toute l'année. On peut aussi, après les avoir épluchés et les avoir fait blanchir à l'eau bouillante, les con-server dans la saumure, à la manière de la chou-croute.

Graines. — On réserve pour semence les plus beaux d'entre les haricots, destinés à être mangés à l'état sec. Ces haricots, conservés dans leurs cosses, gardent pendant quatre ans leurs pro-priétés germinatives ; hors de leurs cosses, ils ne conservent ces propriétés que pendant deux ans.

IGNAME DE LA CHINE
(DIOSCOREA BATATAS). Synonymie : *Saya*.

Cette plante, introduite en France en 1848 par

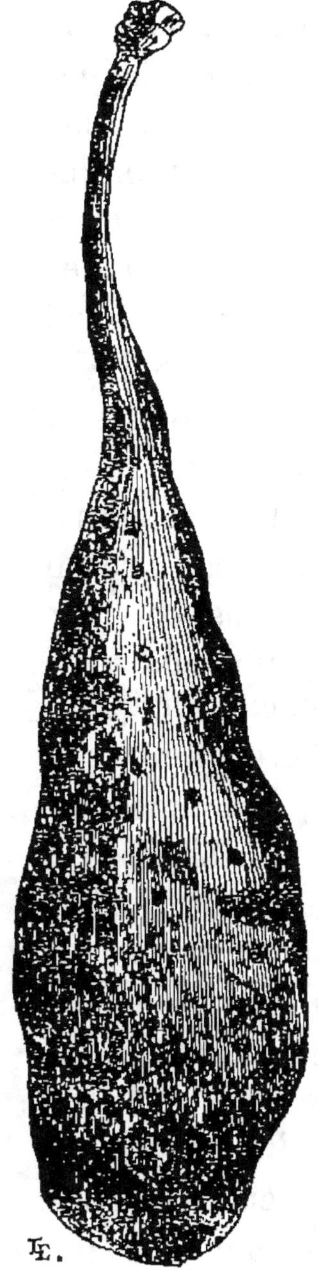

Fig. 12.
Igname de la Chine.

M. de Montigny, a justifié depuis longtemps les espérances inspirées par le récit des services que rendent ses produits dans son pays natal, et l'on peut dès à présent la considérer comme acquise à nos champs et à nos jardins.

Les racines tuberculeuses de l'igname de la Chine ont à peu près la saveur de la pomme de terre; elles contiennent tout autant de fécule, et elles peuvent, comme la pomme de terre, se prêter à toutes sortes de préparations culinaires.

On multiplie l'igname de la Chine, en plantant, en mars, sans plus de soins que n'en exige la culture bien comprise de la pomme de terre, soit des bulbilles, soit des tronçons de racines, soit enfin, ce qui est préférable, le collet des racines destinées à la consommation.

Les racines de l'igname de la Chine sont annuelles ; laissées en terre, elles s'atrophient chaque année, mais seulement après avoir donné naissance à de nouvelles racines, qui prennent un développement d'autant plus considérable que l'on a employé pour la plantation des racines ou des portions de racines d'un plus gros volume. Il n'est pas rare néanmoins que dans les terres sablonneuses la plantation des bulbilles produise dès la première année des racines assez grosses pour pouvoir être arrachées et livrées à la consommation ; mais, quelque concluant que puisse être un pareil résultat, comme on ne peut pas compter dans tous les terrains sur des produits bons à récolter la première année, il est prudent, lorsqu'on plante des bulbilles, de ne faire la récolte que la seconde année. Dans tous les cas, le rendement de l'igname de la Chine dépassera de beaucoup, la seconde année, ce que la même étendue de terrain aurait pu produire de pommes de terre.

D'après M. Paillet, en plantant les ignames de la Chine à 25 centimètres les unes des autres en tous sens, un are de terre peut produire 1200 kilog. de racines ; il est vrai que M. Rémont, à qui l'on doit les premières plantations en grand d'igname de la Chine qui aient été faites en Europe, dit n'en avoir récolté que 650 kilogrammes ; ce qui, malgré la différence de ce chiffre avec celui de M. Paillet, représente encore plus de deux récoltes de pommes de terre.

L'igname de la Chine est tout à fait rustique et d'une culture facile ; après la plantation, il n'y a pour ainsi dire plus à s'en occuper, jusqu'au moment de l'arrachage. Mais cette dernière opération est assez délicate, parce que, d'une part, les racines sont très-cassantes, et que, de l'autre, elles plongent perpendiculairement en terre à une profondeur souvent considérable. Ainsi, pour faciliter l'arrachage, il est bon de façonner en billons les planches destinées à cette culture.

Quoique les tiges de l'igname de la Chine soient grimpantes, elles n'ont pas besoin d'être ramées et l'on peut les laisser ramper sur le sol ; s'il arrivait même qu'elles prissent un trop grand développement, on pourrait sans inconvénient en donner une partie aux bestiaux, qui les mangent avec plaisir comme fourrage frais.

M. Decaisne ayant reconnu que les racines de l'igname de la Chine végétaient pendant tout l'hiver, même sous le climat de Paris, il vaut mieux ne pas tout arracher à l'automne et ne récolter qu'en proportion des besoins de la consommation.

Si l'on ajoute à tous ces avantages celui de la facile conservation des racines pendant cinq ou six mois hors de terre, sans aucune espèce de soins, on reconnaîtra que parmi les plantes alimentaires aucune ne se recommande par un ensemble de qualités précieuses comme celles qu'on trouve réunies dans l'igname de la Chine.

LAITUES
(LACTUCA SATIVA)

Toutes les laitues cultivées dans les jardins potagers se plaisent dans une terre douce, meuble et bien fumée. Elles sont comprises dans trois séries, dont la première renferme les laitues du printemps, la seconde les laitues d'été, et la troisième les laitues d'hiver.

Laitues du printemps. — Pour avoir une provision de plant de laitue bon à mettre en place au printemps, on sème au mois d'octobre la graine de *Laitue Gotte* ou *Laitue Gau*, et de *Laitue palatine*, aussi nommée *Laitue rouge* et *jeune verte*. Dès que le plant a deux feuilles de plus que les cotylédons ou feuilles séminales, il est repiqué sous cloche à bonne exposition ; chaque fois que la température extérieure le permet, on lui donne de l'air pour le fortifier, ayant soin de ne soulever les cloches que dans un sens opposé à la direction du vent régnant. Pendant les gelées, ces cloches sont couvertes de feuilles ou de fumier long, que l'on enlève lorsque le soleil brille vers le milieu de la journée. Mais, avant de découvrir les cloches qui recouvrent le plant de laitue repiqué, il faut bien s'assurer que ce plant n'a pas été atteint sous les cloches par la gelée. S'il en était ainsi, l'impression brusque et directe des rayons solaires lui serait fatale ; loin de le découvrir, il faudrait doubler la couverture des cloches, afin qu'il puisse dégeler peu à peu.

Le plant ainsi conservé est mis en place au mois de mars à l'air libre ; on trace à cet effet des lignes espacées entre elles à 33 centimètres : les laitues sont plantées à 40 centimètres les unes des autres. Souvent, à cette époque de l'année, les nuits sont très-froides : les laitues plantées en mars à l'air libre n'ont pas beaucoup à en souffrir, pourvu qu'on ait soin de bien consulter l'état de l'atmosphère avant de les arroser, en cas de besoin, pendant le jour ; un arrosement donné hors de propos, s'il est suivi d'une nuit froide, peut être cause de la perte de toute une plantation de laitues de printemps.

On sème à la même époque la laitue à couper ; il est inutile de lui consacrer un terrain séparé : elle peut être semée dans les carrés de carottes, d'oignons et de salsifis.

Les *Romaines verte hâtive*, *blonde maraîchère* et

grise maraîchère, se sèment en octobre comme les laitues de printemps ; elles se repiquent et se cultivent exactement d'après les mêmes procédés.

Laitues d'été. — Cette série comprend les *Laitues de Versailles, blonde d'été, de Berlin, Batavia* ou *Laitue chou, grise* ou *grosse brune paresseuse, palatine* et *sanguine* ou *flagellée.* On peut commencer à semer les graines de ces laitues dans les premiers jours d'avril ; on renouvelle ensuite les semis successivement tous les quinze jours, afin d'avoir du plant bon à repiquer pendant toute la saison. Ces laitues, repiquées en planches à des distances variables, selon le volume qu'elles doivent acquérir, ont besoin d'arrosages plus fréquents qu'à toute autre époque de l'année.

Les *Romaines blonde maraîchère, grise maraîchère, Alphange* et *panachée*, se cultivent exactement comme les laitues d'été. De plus, il est nécessaire, lorsqu'elles ont pris toute leur croissance, de les lier avec un ou deux brins de paille pour les faire blanchir. Cette opération ne doit se faire que par un temps sec.

Laitues d'hiver. — Cette série comprend la *Laitue de la Passion*, la *Romaine verte* et la *Romaine rouge d'hiver.* On sème la graine de ces laitues du 15 août au 15 septembre, plus tôt ou plus tard, selon la nature et l'exposition du sol dont on dispose. Le plant repiqué en octobre, à bonne exposition, résiste aux hivers ordinaires sous le climat de Paris, pourvu qu'on le préserve des fortes gelées et du contact de la neige, en le couvrant de paille qu'on déplace et qu'on remet selon le besoin.

Graines. — Afin que la graine ait le temps d'arriver à parfaite maturité, les laitues et les romaines destinées à servir de porte-graines se sèment sur couche en février. Le plant est mis en place directement, aussitôt que la température le permet. La graine est bonne à récolter à la fin d'août ou au commencement de septembre ; elle conserve trois ou quatre ans ses propriétés germinatives.

LENTILLE CULTIVÉE

(ERVUM LENS). Synonymie : *Arousse, Aroufle.*

La lentille se plait particulièrement dans les terres légères ; lorsqu'on la cultive en terre forte, elle forme des tiges très-développées, mais qui ne portent pas de graines.

Dans le midi de la France, on sème la lentille en automne ; dans les départements du centre et dans ceux du nord, on ne peut la semer qu'au printemps. Les semis se font en lignes espacées entre elles, de 30 à 40 centimètres, à raison d'un litre à un litre et demi de semence par are. Les soins de culture se bornent à un binage donné avant que les tiges commencent à se former.

On arrache les lentilles lorsque les tiges sont à demi desséchées. Après les avoir laissées séjourner pendant quelques jours sur le sol, on les lie par bottes pour les conserver, soit en meule, soit dans un grenier. Un are de terrain donne 12 à 15 litres de lentilles, quelquefois même jusqu'à 20 litres. Le sol laissé disponible par l'enlèvement de cette récolte peut encore recevoir une semaille de navets.

Graines. — On réserve pour semence une partie des plus belles lentilles de la récolte ; elles conservent leurs propriétés germinatives pendant deux ans.

MACHE

(VALERIANELLA LOCUSTA) : Synonymie. *Doucette, Accroupie, Boursette, Blanchette, Blanquette, Chuquette, Clairette, Coquille, Gallinette, Herbe d'agneau, Herbe royale, Laitue de brebis, Orillette, Poule grasse, Salade de blé, Salade de chanoine, Salade royale, Salade verte.*

La graine de mâche se sème à la volée, en septembre et octobre : la graine de cette plante étant très-fine, il n'en faut pas plus de 100 grammes par are ; il n'en faut que la moitié de cette dose lorsqu'on ne sème pas la mâche dans un terrain qui lui soit exclusivement consacré, ce qui n'est pas toujours nécessaire, la consommation de ce produit du potager n'étant jamais fort étendue. Il suffit le plus souvent de répandre à la volée un peu de graine de mâche entre les choux-fleurs, les chicorées et les oignons blancs, pour en récolter autant qu'il est nécessaire.

La semence est enterrée par un léger hersage : elle est ensuite arrosée selon le besoin lorsque la mâche est cultivée seule ; si elle accompagne d'autres cultures, la mâche profite des arrosages que ces cultures reçoivent. La graine de mâche, semée en septembre, donne des mâches bonnes à cueillir à la fin de l'automne et pendant tout l'hiver ; celle qu'on sème en octobre ne donne ses produits qu'au printemps.

On cultive trois espèces de mâche qui sont : la *Mâche de Hollande*, la *Mâche à grosse graine* et la *Mâche d'Italie* ou *Régence* (*V. coronata*).

Graines. — Les plantes provenant de semis d'automne fleurissent au printemps ; leur graine est bonne à récolter au mois de juin ; elle conserve ses propriétés germinatives pendant six à huit ans.

MELONS

(CUCUMIS MELO)

Le melon est une plante beaucoup moins délicate que l'on n'est généralement disposé à le croire ; il a seulement besoin d'un certain degré de chaleur souterraine ; dans les pays où le soleil n'échauffe pas suffisamment la terre, le melon doit par conséquent être cultivé sur couche. On en cultive un grand nombre de variétés ; les plus estimées sont généralement les Cantaloups prescott.

Culture du melon sur couche. — Les premiers melons peuvent être semés dès le mois de janvier; mais, comme à cette époque cette culture exige, outre de grands frais, une habileté toute spéciale pour la faire réussir, ce n'est qu'au mois de mars que les melons peuvent être semés avec chances de succès, sous le climat du centre de la France.

Comme il est important que la chaleur se prolonge le plus longtemps possible dans la couche sur laquelle sont semées les graines de melon, quelques soins particuliers sont nécessaires pour la préparation de cette couche. On choisit, pour la construire, du fumier de cheval bien imbibé d'urine, on le mouille au degré convenable s'il ne semble pas suffisamment humide ; on y ajoute un peu de vieux fumier ou une certaine quantité de feuilles. Ces précautions ont pour but d'empêcher le fumier de fermenter trop fort et trop vite et d'en obtenir une chaleur aussi régulière que possible. A défaut de fumier, on peut faire de bonne

couche avec des feuilles ou du marc de raisin. On
donne à la couche la forme d'un carré de 65 centimètres de côté ; à mesure qu'on la monte, elle
doit être fortement comprimée sous les pieds.
Lorsqu'elle a environ 65 centimètres de hauteur,
on l'entoure d'un cadre ou *coffre* formé de quatre
planches jointes à angle droit, sur lequel on pose
un châssis vitré.

La surface supérieure de la couche est alors
garnie d'un mélange de terreau et de bonne terre
de jardin, d'une épaisseur de 1 décimètre ; c'est
dans cette terre qu'on sème les graines de melon,
sous châssis. Ces graines doivent être semées au
centre de la couche, afin qu'elles profitent le plus
complétement possible de sa chaleur, qui ne doit
pas dépasser 35 degrés centigrade. Tant que les
graines ne sont pas levées, on tient le châssis couvert de paillassons, qu'on enlève quand le plant
est bien sorti de terre. On donne aussitôt un peu
d'air en soulevant le châssis pendant les heures
les plus chaudes de la journée ; cette aération est
continuée pendant les jours suivants, afin d'empêcher le plant de s'étioler. Lorsque les cotylédons ou feuilles séminales sont bien développés,
le plant de melons doit être repiqué, soit sur la
couche qui a servi à faire le semis, si elle a conservé assez de chaleur, soit sur une couche nou-

velle disposée comme la première pour le recevoir. On l'y repique à 12 centimètres en tout sens; il est important que, soit dans les pots, soit sur la couche, le plant, au moment du repiquage, soit enterré jusqu'à la naissance des feuilles séminales.

Aussitôt après le repiquage, pour faciliter la reprise du plant, on couvre le châssis d'un léger paillasson afin d'atténuer la lumière; cette précaution n'est nécessaire que quand le plant se fane après sa mise en place. Au bout de quelques jours, on cesse d'ombrager, et l'on donne un peu d'air chaque fois que la température extérieure le permet.

Lorsqu'on a employé de bon fumier pour monter la couche, et qu'elle a été bien construite, c'est-à-dire soigneusement mélangée et mouillée au degré convenable, le plant de melons, placé dans de bonnes conditions, a ses premières feuilles larges et d'un beau vert. Si ces feuilles sont au contraire faibles et jaunes, il faut réchauffer la couche en l'entourant de fumier en fermentation, non pas tout frais tiré de l'écurie, mais ayant déjà dégagé une partie des gaz à odeur ammoniacale qui s'en exhalent. On ramène ainsi la chaleur dans la couche, et le plant de melon reprend sa vigueur.

Première taille. — Quand le plant n'a pas

souffert, un mois après le semis des graines, il est bon à mettre en place ; il doit auparavant recevoir sa première taille ; elle consiste à retrancher le sommet de la tige primitive au-dessus de la seconde feuille.

La plantation définitive du melon à la place où il doit croître, fleurir et fructifier, se fait sur une nouvelle couche dont l'emplacement doit avoir été déterminé huit ou dix jours d'avance. Dans le nord de la France, il importe que cette couche

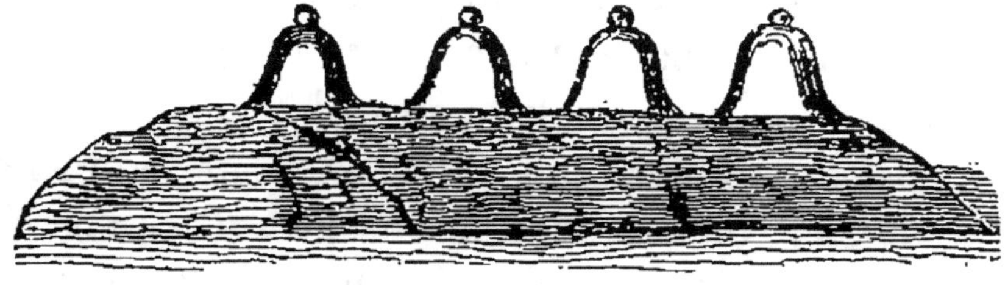

Fig. 15. — Melons sous cloches.

soit établie dans un lieu bien à l'abri des vents froids et bien exposé au plein soleil.

On ouvre alors une tranchée de 65 centimètres de largeur sur 40 de profondeur ; on en remplace la terre par du fumier préparé et foulé comme celui de la couche sur laquelle on a semé la graine de melons. Lorsque la nouvelle couche a 75 centimètres d'épaisseur, on frappe sur ses bords avec le revers de la fourche, de manière à lui donner une forme bombée. Cela fait, la surface de la couche est garnie d'un mélange de terreau et de bonne terre d'une épaisseur de 20 à 25 centimètres, selon la force des racines des espèces adoptées. Alors on établit sur le milieu de la couche une rangée de cloches sous lesquelles on plante les melons à 65 centimètres les uns des autres, dès que la température de la couche est au degré convenable, c'est-à-dire à 30 degrés centigrades environ. Aussitôt après la plantation définitive, on couvre la couche, et les cloches, par conséquent, avec de la litière ou des paillassons. Cette couverture est enlevée au bout de trois ou quatre jours.

Dès qu'on reconnaît que les melons commencent à végéter, on leur donne un peu d'air en soulevant les cloches pendant le jour, pour finir par les enlever tout à fait quand les tiges se sont allongées de manière à ne pouvoir plus y être contenues. Il est indispensable que le temps soit beau et chaud le jour où l'on enlève définitivement les cloches; plutôt que de les enlever par un temps humide et pluvieux, il vaudrait mieux les laisser en place quelques jours de plus.

On voit que des soins assidus sont nécessaires pour élever le plant, monter la couche, et planter les melons dans les meilleures conditions; il ne faut pas moins d'attention pour la taille et les arrosements que réclame ultérieurement cette culture. Chacune de ces opérations doit être faite précisément en son temps; les arrosements surtout, lorsqu'ils sont nécessaires, ne peuvent être retardés sans que ce retard ne porte un grave préjudice à la beauté des fruits.

On ne peut déterminer avec précision la quantité d'eau qu'il convient de donner aux melons; on doit les arroser dans la même proportion que les autres plantes potagères, mais seulement par un temps chaud ; quand le temps est froid, l'excès de l'humidité peut causer la perte des melons.

Deuxième taille. —. L'effet de la première taille, c'est-à-dire du retranchement de la tige primitive de la plante, a été de faire développer deux tiges latérales en regard l'une de l'autre. Lorsque ces tiges ont environ 35 centimètres de longueur, on les taille en retranchant leurs extrémités au-dessus de la troisième ou de la quatrième feuille, selon la vigueur des pieds.

Troisième taille. — Après la seconde taille, on étend un bon paillis de fumier à demi-consommé sur toute la surface de la couche à melons, afin d'y maintenir une bonne fraîcheur en prévenant l'évaporation. De nouvelles branches ne tardent pas à se développer ; on a soin, à mesure qu'elles s'allongent, de les diriger de manière à empêcher

qu'elles ne se croisent les unes sur les autres.
Quand elles ont environ 35 centimètres de longueur, on les taille uniformément au-dessus de
leur troisième feuille, sans s'occuper des fleurs
qui peuvent être sacrifiées par cette taille. En
effet, les melons, à cette période de leur végétation, n'ont pas encore acquis assez de vigueur; le
fruit que pourraient donner les fleurs supprimées
à la troisième taille serait très-inférieur à ceux
que les mêmes plantes produiront plus tard.

Après la troisième taille, les nouvelles branches
dont cette opération a provoqué la formation
doivent être l'objet d'une surveillance assidue. Dès
que l'une d'elles porte des fruits bien noués, on
choisit le mieux conformé, puis la branche est
pincée à deux yeux au-dessus du fruit; toutes les
branches sont soumises à la même taille. On doit
garantir le fruit de l'action directe des rayons solaires, qui le ferait durcir, en le couvrant au moyen
des feuilles environnantes. On retranche immédiatement tous les autres fruits, afin que toute la
séve profite aux melons réservés sur chaque
branche. Quelquefois un fruit d'une très-bonne
forme au moment où il a été choisi se déforme
en grossissant; il ne faut pas hésiter dans ce cas
à le supprimer, car un melon d'une forme défec-
tueuse est rarement de bonne qualité. Lorsque le

premier fruit est parvenu aux trois quarts de sa grosseur, on peut, si la plante est vigoureuse, lui en laisser encore un ou deux autres, chaque pied ne devant pas porter plus de trois ou quatre fruits.

Les melons étant parvenus à ce point de leur développement, on doit s'abstenir de tout retranchement ultérieur, qui pourrait, en arrêtant la séve, empêcher le fruit de grossir ou le faire mûrir imparfaitement et prématurément.

Les principes qui viennent d'être exposés sont applicables à la culture du melon partout où elle peut être pratiquée; dans le Midi, la végétation étant plus vigoureuse qu'elle ne l'est dans le Centre et dans le Nord, on taille plus long et l'on peut laisser quelques fruits de plus sur chaque pied.

A moins que la température du printemps et de l'été ne soit très-favorable, les melons semés en mars donnent des fruits bons à récolter en juillet et août. A partir du mois de mars, on peut continuer à semer successivement des melons jusqu'en mai.

Pendant la croissance des melons, les bords des couches peuvent être occupés par une ligne d'aubergines, de piments ou de laitues.

Culture des melons sur buttes. — A Honfleur, près de l'embouchure de la Seine, on cultive en grand les melons d'après une méthode particulière nommée *culture sur buttes*. On sème sur couche, sous cloche ou sous châssis, dans la première quinzaine d'avril ; sous un climat un peu plus méridional que celui de Honfleur, les melons pourraient être semés immédiatement en place. A la même époque, on ouvre sur le même terrain

Fig. 14. — Melons sur butte.

consacré à la culture des melons des trous de 60 à 70 centimètres de diamètre sur 30 à 40 de profondeur. Ces trous doivent être espacés entre eux de 2 mètres 30 centimètres en tous sens, en mesurant à partir du centre des trous. On les laisse ouverts pendant une huitaine de jours, au bout desquels on les remplit de fumier ou de bruyère. On mélange ensuite la terre retirée des trous avec partie égale de bon terreau ; puis on la dispose en un tas de forme conique par-dessus le fumier. Cinq à six jours avant la plantation, on place sur ces cônes ou *buttes* une cloche, afin que la terre puisse être bien échauffée par le soleil. Le plant, devenu bon à mettre en place, est levé en motte avec précaution ; on choisit, autant que possible, un temps doux et couvert ; on plante sur chaque butte un pied de melon, avec la précaution de bien l'enfoncer en terre jusqu'à la naissance des cotylédons. Aussitôt après la plantation, on procure au plant de melon l'ombre dont il a besoin sous la cloche, en posant près de lui, une tuile verticalement du côté du midi ; le sol est arrosé selon le besoin. Au bout de quelque temps, le plant étant bien établi dans sa nouvelle situation, on pince le sommet de la tige centrale. On ne doit commencer à donner un peu d'air que quand les branches latérales sont suffisamment développées.

Lorsque les cloches ne peuvent plus contenir les branches, on les soulève en posant leurs bords sur trois demi-briques, ce qui permet aux branches de s'allonger librement ; plus tard, quand la température le permet, les cloches sont définitivement enlevées. Avant d'ôter les cloches, on fume le terrain autour des buttes ; cela fait, il n'y a plus à toucher aux melons. Si la température est favorable, les premiers fruits mûrissent dans la première quinzaine de juillet ; les autres sont bons à récolter successivement jusqu'en octobre. Les cloches de verre, pour la culture des melons, peuvent être remplacées par des cloches en papier huilé. Ce genre de cloches, qui ne coûte presque rien et que chacun peut faire soi-même, remplit très-bien la destination des cloches de verre dans la culture des melons sur buttes.

Culture du melon en pleine terre. — Dans le midi de la France, les melons sont cultivés en pleine terre. Au mois d'avril, on les sème en place en lignes espacées entre elles de 1 mètre 30 centimètres. Environ un mois plus tard, le plant est éclairci une première fois; on fait une seconde éclaircie quinze jours après, de sorte que les pieds conservés doivent se trouver à 45 ou 50 centimètres les uns des autres sur les lignes. Dans quelques localités seulement, on arrose les melons soumis à ce genre de culture; quand ils ont reçu la seconde taille, on se borne à couper avec le tranchant de la bêche toutes les branches qui s'allongent au delà des bords de la planche. Malgré les avantages du climat méridional, les melons obtenus d'un mode de culture si défec-tueux sont le plus souvent fort inférieurs aux melons de même race provenant de la culture intelligente et soignée des maraîchers des envi-rons de Paris.

Ainsi que je l'ai indiqué pour les concombres, on peut palisser le long d'un mur au midi les tiges des melons. Ceux qu'on se propose de traiter ainsi sont semés en place, si le climat local le permet; sinon, ils sont semés sur couche et transplantés selon la méthode ordinaire ; en les soignant et ne laissant pas trop de fruits à chaque plante, on obtiendra ainsi en espalier des melons fort présentables, souvent même excellents, si la race en est bien choisie. Dans tous les cas, leurs produits vaudront certainement mieux que les courges ordinairement cultivées comme plantes grimpantes d'ornement. On peut choisir pour ce genre de culture les variétés à petits fruits, tels que le Melon de Poche, le Cantaloup orange, le Melon de Chito, etc.

Graines. — On marque comme porte-graines les fruits les mieux conformés de chaque variété de melons; lorsqu'ils sont parvenus à leur complète maturité, on en recueille la graine, qui conserve ses propriétés germinatives pendant dix à douze ans et même au delà.

Les variétés de melons que nous croyons les plus méritantes sont, pour la culture sous châssis, le Cantaloup Prescott et le noir des Carmes; pour seconde saison sous cloches, le gros Cantaloup et le Sucrin de Tours; pour la culture en pleine terre surtout dans le Midi, le melon Ananas a chair verte et le melon de Malte a chair blanche.

MOUTARDE

(SINAPIS ALBA et NIGRA). Synonymie : *Sénevé cultivé.*

On cultive deux espèces de moutardes : l'une à graine blanche (*S. alba*), dont les feuilles se mangent en salade ; l'autre à graine noire (*S. nigra*), dont les semences servent à préparer l'assaisonnement nommé moutarde. La moutarde, pour être mangée en salade, se sème en rayon depuis les premiers jours du printemps jusqu'en automne. La moutarde peut être coupée comme le cresson alénois, peu de jours après qu'elle est levée ; mais, comme elle durcit très-vite, il faut renouveler souvent les semis.

La moutarde est une des salades de printemps les plus usitées en Angleterre ; on la mange avec le cresson alénois et la petite laitue à couper.

Graines. — Pour en récolter la graine, on sème la moutarde au printemps, à la volée, à raison de 30 grammes par are ; la graine est mûre vers la fin d'août, elle conserve ses facultés germinatives pendant quatre ou cinq ans.

NAVET

(BRASSICA NAPUS). Synonymie : *Navau.*

Les premiers semis de navets se font en mai et juin ; ils se continuent successivement jusqu'en septembre. On sème à la volée à raison de 30 grammes par are. La graine doit être recouverte par un léger hersage ; elle lève en peu de jours ; il faut alors donner aux jeunes plantes des bassinages fréquents, moins pour favoriser leur croissance que pour les délivrer des atteintes de l'*altise*, aussi nommée tiquet ou puce de terre, insecte qui est l'ennemi mortel du navet pendant la première période de sa croissance.

Les navets semés en été veulent de préférence une exposition ombragée. A défaut d'un emplacement disponible qui remplisse cette condition, on peut semer les navets en été dans les intervalles des touffes de haricots. Protégés par l'ombre des feuilles de ces plants, les navets résistent mieux à la sécheresse et exigent moins de soins de culture que s'ils étaient semés isolément dans une situation découverte.

Quelques variétés de navets, peu sensibles au froid, pourraient à la rigueur, sous le climat de Paris, passer l'hiver en terre à la place où ils ont végété ; mais il est toujours plus prudent de les arracher en automne et de les mettre *en jauge*. On peut aussi, comme le font les maraichers des environs de Meaux, après avoir arraché les navets en automne, leur couper la tête et les déposer dans des fosses de 1 mètre de largeur sur 80 centimètres de profondeur. On garnit de paille sèche le fond et les côtés des fosses, et l'on en recouvre les navets d'une épaisseur suffisante pour les préserver de la gelée ; ils passent ainsi très-bien l'hiver.

Les variétés de navets qui conviennent le mieux aux terres légères sont celles à racine longue, notamment le *Navet hâtif des Vertus*, le *rose du Palatinat*, le *Navet de Freneuse*, le *gris de Morigny* et le *Navet de Meaux*.

Les meilleurs navets à cultiver dans les terres plutôt fortes que légères sont : *le Navet plat hâtif blanc* et *le rouge plat hâtif*, le *rond de Croissy*, le *jaune de Hollande* et le *Turneps*, également *désigné* sous les noms de *Rave*, *grosse Rave*, *Rave plate*, *Rabiolle* et *Rabioulle*.

Graines. — On plante au mois de février ou de mars, comme porte-graines, les navets les plus beaux de chaque variété, qu'on a conservés sans retrancher leur sommet, soit en place, soit en jauge. La graine mûrit en juin ; elle conserve ses propriétés germinatives pendant cinq ou six ans.

OIGNON

(ALLIUM CEPA). Synonymie : *Oignon, Oignon de cuisine.*

L'oignon ne doit être semé que sur un terrain

fumé l'année précédente; s'il est semé sur une fumure récente, il devient à la vérité fort gros, mais il ne se conserve pas. Plusieurs variétés d'oignon sont admises dans la culture maraîchère; elles se sèment soit en automme, soit au printemps, selon le climat plus ou moins méridional sous lequel elles sont cultivées.

Oignon blanc. — Sous le climat de Paris, on sème l'oignon blanc au mois de mars, immédiatement en place; on peut aussi le semer dans la seconde quinzaine d'août, pour repiquer le plant en octobre dans les terres légères, et au mois de mars de l'année suivante dans les terres fortes. Quelle que soit l'époque à laquelle l'oignon est repiqué selon la nature du terrain, après avoir préparé le sol par un bon labour, on le divise en planches de 1 mètre 33 centimètres de largeur, sur chacune desquelles on trace douze lignes parallèles. Tout étant ainsi disposé, on arrache le plant avec précaution; on retranche l'extrémité des racines et celle des feuilles les plus longues pour faciliter la reprise, puis le plant est repiqué au plantoir, à 10 centimètres de distance dans les lignes.

Dans les planches d'oignon repiqué en automne, on peut répandre un peu de graine de mâche, dont la récolte se fait de bonne heure au printemps. Des binages et quelques arrosements, quand le printemps est sec, sont les seuls soins de culture qu'exige l'oignon blanc, qui est bon à récolter dès le mois de mai. Le terrain disponible par l'enlèvement de cette récolte peut recevoir une plantation de choux de Milan, de choux-fleurs semés dans les premiers jours de mai, de romaine et de chicorée ; on peut aussi l'utiliser en y semant des navets, des épinards ou des mâches.

Indépendamment des oignons blancs semés en automne, on plante dans le midi de la France, à la fin d'août et au commencement de septembre, de gros oignons blancs dont on mange les caïeux. Les premiers se mangent en février, et la récolte se continue jusqu'à ce que les oignons commencent à former leur tige florale.

Oignon jaune et oignon rouge. — Ces deux espèces d'oignons se sèment, aux environs de Paris, dans la seconde quinzaine de février ou dans la première quinzaine de mars. On emploie 150 grammes de graine par are ; on ajoute à cette quantité 15 grammes de graine de poireau par are, ou bien un peu de graine de laitue à couper.

On donne, aussitôt après les semis, un léger hersage pour mêler la graine à la terre, puis on répand par-dessus un peu de terreau fin pour la recouvrir très-légèrement. Dès que l'oignon est bien levé, on éclaircit le plant là où il se trouve trop épais. Les oignons reçoivent quelques binages dans le courant de l'été ; si la terre est légère et sèche, ils doivent aussi être arrosés pendant les fortes chaleurs. Les oignons sont récoltés à la fin d'août et au commencement de septembre ; les poireaux qui ont végété en même temps continuent à occuper le terrain jusqu'à la fin de l'automne. Bien que ce mode de culture offre une grande économie de temps et de main-d'œuvre, on préfère dans beaucoup de localités semer les oignons jaune et rouge durant la seconde quinzaine d'août, pour avoir du plant bon à repiquer, en février et mars, à 15 ou 20 centimètres de distance en tous sens. On prépare le plant au moment de le repiquer, comme je l'ai indiqué pour l'oignon blanc. En Bretagne, l'oignon est aussi repiqué ; mais, en raison du climat rude de ce pays, les semis se font seulement en janvier et février ; le plant n'est jamais repiqué qu'au mois de mai.

Une autre méthode est aussi usitée avec succès pour la culture de l'oignon par le repiquage ; voici en quoi elle consiste : on sème en mai ou juin l'oignon excessivement serré ; on en obtient des milliers de très-petits oignons qui sont arrachés à la fin d'octobre ou au commencement de novembre. On les conserve au grenier, à l'abri de l'hu-

midité pendant l'hiver; on les plante au mois de
février à 15 ou 20 centimètres en tout sens. Les
oignons ainsi cultivés deviennent ordinairement
très-gros; ils sont bons à récolter en mai et juin.

Oignon d'Égypte, ou Rocambole. — On cultive sous le nom d'oignon d'Égypte ou rocambole
un oignon qui produit, au lieu de semences, des
bulbilles ou petits oignons dont on se sert pour
la multiplication. Ces bulbilles se plantent en
mars, à la distance de 10 à 15 centimètres les
uns des autres en tout sens. Chaque bulbille devient un gros oignon qu'on arrache quand les
feuilles commencent à jaunir; on conserve ces oignons comme ceux des autres espèces. Au printemps, on en plante quelques-uns choisis parmi
les plus beaux; ils ne tardent pas à produire la
provision de bulbilles nécessaire pour la plantation
de l'année suivante.

Oignon patate, ou Oignon pomme de terre.
— On cultive dans quelques localités cet oignon,
qui se recommande également par sa précocité et
par l'abondance de ses produits. Il se multiplie
par ses caïeux plantés en février, ou même plus
tôt si l'état de la température le permet, à la distance de 30 à 40 centimètres les uns des autres.
Durant le cours de leur végétation, ils doivent
recevoir plusieurs buttages destinés à favoriser le

développement des bulbes qui se forment en grand nombre autour de l'oignon mère.

Les oignons, quelle que soit l'espèce adoptée, à quelque mode de culture qu'ils aient été soumis et à quelque époque de l'année qu'ils soient récoltés, doivent, après avoir été arrachés, rester pendant quelques jours sur le terrain pour achever de mûrir. Alors ils sont étalés sur le plancher d'un grenier, ou bien liés en longues bottes au moyen de leurs fanes tressées, et suspendus en cet état aux poutres du grenier.

Dans la plaine des Vertus, près de Paris, où l'oignon est cultivé très en grand, la récolte s'élève quelquefois à quatre hectolitres et demi par are.

Graines. — Les oignons les plus beaux de chaque espèce, mis à part comme porte-graines, sont plantés en février et mars. Les ombelles ou têtes chargées de graines sont coupées au mois d'août, liées en bottes et suspendues au grenier ; la graine, conservée dans ses capsules, garde ses propriétés germinatives pendant trois ans.

OSEILLE

RUMEX ACETOSA). Synonymie : *Oseille des prés, Oseille commune, Oseille longue, Aigrette, Surelle, Surette, Vinette.*

L'oseille se multiplie, soit par la division ou

l'*éclat* des vieilles touffes, soit par ses graines, qu'on sème en lignes au printemps. La graine doit être très-peu enterrée; on la recouvre en répandant par-dessus un peu de terreau; le jeune plant a besoin d'être fréquemment bassiné.

On commence à récolter les feuilles dès qu'elles sont assez développées; afin de n'en pas manquer, on arrose à fond, mais non pas toutes à la fois, les planches d'oseille, dont les produits sont ainsi bons à cueillir successivement.

Une plantation d'oseille peut rester productive pendant un grand nombre d'années, pourvu qu'elle reçoive les soins de culture nécessaires; ils consistent principalement à lui donner un bon binage chaque année après la dernière coupe de feuilles de la belle saison; et à couvrir immédiatement les planches d'un paillis épais de fumier bien consommé.

Deux espèces d'oseille sont admises dans la culture maraîchère : l'une sous le nom d'*Oseille de Belleville*, l'autre sous celui d'*Oseille vierge* (R. *motanus*), qu'on lui a donné parce qu'elle est dioïque et ne produit pas de graines.

Graines. — On récolte la graine d'oseille au mois de juillet; elle conserve pendant trois ans ses propriétés germinatives.

PANAIS CULTIVÉ

(PASTINACA SATIVA). Synonymie : *Grand Cherbi cultivé, Pastenade blanche, Pastenaille blanche, Racine blanche.*

Le sol que préfère le panais est le même que
celui qui convient à la culture de la carotte ; on
peut même semer la carotte et le panais ensemble, dans la même planche. Le panais est insensible à la gelée ; il peut sans inconvénient passer l'hiver en terre et n'être arraché qu'au printemps.

Graines. — On plante au printemps, comme
porte-graines, quelques-uns des plus beaux panais
de la récolte précédente ; la graine mûrit en septembre ; elle ne conserve que pendant un an ses
propriétés germinatives.

PATATE DOUCE

(CONVOLVULUS BATATAS). Synonymie : *Batate, Artichaut des
Indes, Truffe douce.*

Dans les terres du midi de la France, exposées
à de longues sécheresses, et où la pomme de terre
ne donne que des produits pour ainsi dire insi-
gnifiant, la culture de la patate douce remplace
avec avantage celle de la pomme de terre. La
patate douce résiste aux plus fortes chaleurs, et,
une fois qu'elle est bien enracinée, elle n'a pour

ainsi dire rien à craindre de la sécheresse et peut se passer d'arrosements. Voici comment cette culture est conduite dans nos départements méridionaux.

Pour se procurer en temps utile le plant nécessaire, on plante en mars quelques tubercules de patate sur une couche ou dans un tas de terreau à bonne exposition ; quand les germes sont suffisamment développés et pourvus de racines, on les détache pour les planter à 1 mètre les uns des autres en tous sens.

L'expérience de plusieurs années ayant démontré que la patate douce, plantée dans un sol profondément labouré, pousse de fortes et nombreuses racines, mais ne forme pas de tubercules, il faut, si l'on veut avoir des récoltes abondantes, garnir les trous de branches d'arbres placés tout à côté les unes des autres, de manière à empêcher les racines de s'étendre. Après avoir rapporté la terre, à laquelle on ajoute un peu d'engrais consommé, on plante au centre de chaque trou une jeune pousse enracinée de patate douce ; elle doit être enterrée jusqu'à la naissance des feuilles. Après avoir arrosé pour faciliter la reprise, on jette sur la tige une poignée de litière ou d'herbe fraîche, qui la garantit du soleil. On donne quelques binages avant le développement

des branches, et plus tard un ou plusieurs buttages successifs.

Les tubercules sont arrachés dans le courant
d'octobre; on doit prendre toutes les précautions possibles pour ne pas les blesser au moment de la récolte, car, une fois entamés, on
ne peut les empêcher de pourrir en très-peu de
temps.

D'après M. de Gasparin, on peut récolter jusqu'à
300 kilogrammes de patates douces par are, plus
300 kilogrammes de tiges, qui équivalent au tri-
ple de leur poids en foin ordinaire.

Aussitôt après la récolte, les tubercules sont
déposés sur le plancher d'une chambre exempte
d'humidité, puis on les couvre avec des balles
de grains d'avoine ou de la mousse bien sèche.

Les procédés de culture qui viennent d'être
exposés ne conviennent que dans la France méridionale. Pour cultiver avec succès la patate douce
dans les départements du Centre, il faut élever le
plant sur couche et sur châssis; quand toute
crainte de retour de froids tardifs est entièrement
dissipée, on fait des trous espacés comme ci-dessus, que l'on emplit de fumier; on établit au-
dessus une butte formée de moitié terre et moitié
fumier très-consommé, haute de 50 à 60 centimètres, dont on aplatit le sommet pour y planter

la bouture de patate douce. Pendant la végétation, les soins se bornent à des arrosages toutes les fois qu'il en est besoin.

Vers la fin d'août ou au commencement de septembre, on trouvera des tubercules bons à être consommés; mais ce n'est que dans le courant d'octobre que l'on fait la récolte complète.

Au nord de la vallée de la Seine et de ses affluents, la patate douce ne peut être cultivée que sur couche et sur une échelle très-restreinte; c'est même le genre de culture qu'on lui applique le plus souvent sous le climat de Paris. On fait germer les patates sur couche au printemps, puis on les repique et l'on en continue la culture sur d'autres couches semblables à celles où sont cultivés les melons. On cultive trois variétés de *Patates douces* à tubercules *rouges, jaunes et blancs.*

PERCEPIERRE

(CRITHMUM MARITIMUM). Synonymie : *Basilic maritime, Bacille, Crête maritime, Christe marine, Criste marine, Fenouil marin, Herbe de Saint-Pierre, Passe-pierre, Saxifrage sauvage, Saxifrage maritime.*

La graine de cette plante se sème en septembre, aussitôt qu'elle est parvenue à maturité. L'emplacement qui lui convient le mieux est une plate-bande au pied d'un mur à l'exposition du levant ou

du couchant. Dans le nord de la France, la plante
doit être couverte pendant l'hiver. Ses feuilles,
confites dans le vinaigre, se mangent comme hors-
d'œuvre.

PERSIL

(APIUM PETROSELINUM)

On sème le persil au printemps, soit en lignes,
comme bordure, le long des allées du potager, soit
en planches à la volée; dans ce dernier cas, il
doit être semé très-clair. A l'approche des gelées,
on donne au persil une couverture
de feuilles ou de litière, afin d'a-
voir toujours des feuilles fraîches
à cueillir pendant l'hiver. Lorsqu'on n'a besoin que d'une petite
quantité de persil, on plante en
septembre ou octobre quelques racines dans de grands pots à fleurs
qu'on rentre à l'abri de la gelée
dans la mauvaise saison.

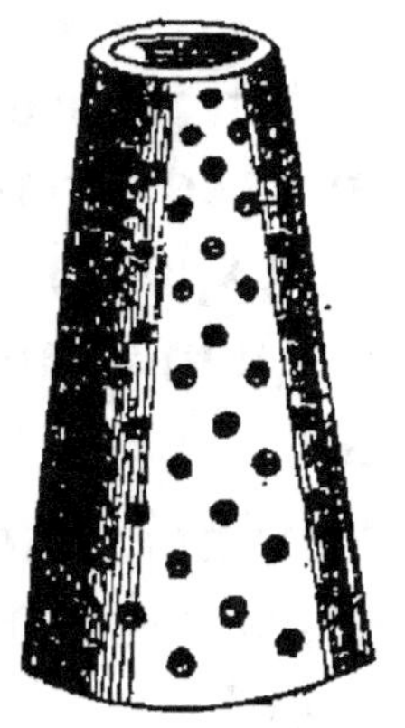

Fig. 15.
Persillière.

On fabrique à Paris, pour culti-
ver du persil pendant l'hiver, des pots de forme al-
longée (fig. 15) qui conviennent tout particulièrement à cet usage. Percés de plusieurs rangs de
trous, ces pots peuvent être garnis, de la base au
sommet, de racines de persil placées de manière
que les feuilles puissent sortir par chaque trou.

Graines. — La graine de persil se récolte en septembre sur les plants de semis de l'année précédente; elle conserve pendant quatre ou cinq ans ses propriétés germinatives.

PIMENT ANNUEL

(CAPSICUM ANNUM). Synonymie : *Carive, Corail des jardins, Courate, Herbe au corail, Mille-graines, Poivre long, Poivre de Calicut, Poivre des paysans, Poivre de Guinée, Poivre d'Inde, Poivre du Portugal, Poivre du Brésil, Poivron.*

On sème le piment, soit sur couche en mars, soit en avril dans du terreau, au pied d'un mur en plein midi. Le plant est repiqué au mois de mai, soit en pleine terre, toujours à une exposition méridionale, soit autour des couches principalement occupées par d'autres cultures.

Les fruits du piment sont confits au vinaigre et servent d'assaisonnement; on peut aussi les faire sécher, les réduire en poudre et les employer aux mêmes usages que le poivre. On cultive beaucoup dans le midi le piment gros carré doux, que l'on cueille vert pour le manger en salade.

Graines. — On réserve, pour en utiliser la graine, quelques-uns des plus beaux fruits; on n'en extrait les graines qu'au moment de s'en servir pour les semer.

PIMPRENELLE DES JARDINS

(POTERIUM SANGUISORBA). Synonymie : *Bipinelle, Petite Pimprenelle, Thé de Sibérie.*

On sème la pimprenelle soit au printemps, soit en automne, en bordure le long des allées du potager. Les feuilles sont utilisées comme fourniture de salade.

Graines. — La graine de pimprenelle se récolte sur les plantes semées en automne ; elle conserve pendant trois ans ses propriétés germinatives.

PISSENLIT

(TARAXACUM LEONTODON). Synonymie : *Dent de lion.*

Cette plante est peu cultivée, car on en trouve abondamment dans les prés ; cependant quand les pissenlits sont semés dans le courant d'avril, on les obtient plus beaux, de meilleure qualité, surtout si l'on a soin de récolter les graines sur les individus dont les feuilles sont les plus larges. Indépendamment de la salade qu'ils produisent vers la fin de l'hiver, on peut en faire blanchir à l'automne ; il suffit pour cela de les repiquer en lignes et de les recouvrir en octobre de 12 à 15 centimètres de terreau ou de terre légère.

Dès qu'ils commencent à percer la couche de terre, on les coupe au collet de la plante. Ainsi traité, le pissenlit remplace parfaitement bien la chicorée sauvage.

Graines. — La durée germinative des graines de pissenlits est de deux ou trois ans ; mais on préfère généralement la graine nouvelle.

POIRÉE BLONDE

(BETA VULGARIS, VAR.). Synonymie : *Bette* ou *Poirée commune*.

On sème la graine de cette plante en lignes au mois de mai. Pour avoir les feuilles parfaitement tendres, il faut les couper très-souvent et donner à la plante des arrosements fréquents pendant la sécheresse.

Poirée à cardes, Bette à cardes, Carde poirée, Asperge des pauvres. — On sème la graine de cette plante au mois de mai, comme celle de la poirée blonde. Quand le plant est bon à mettre en place, on le repique à 1 mètre en tous sens. Les semis peuvent aussi être faits directement en place, dans des fosses de 15 centimètres de profondeur ; on comble ces fosses quand la plante a pris un accroissement suffisant. Pour obtenir de belles cardes, il faut donner aux plantes des binages fréquents et ne pas leur ménager les arrosages en été.

À l'époque des gelées les poirées à cardes doivent être couvertes de litière ou buttées avec de la terre prise de chaque côté de la planche ; on peut consommer cet excellent produit vers la fin de l'hiver et jusqu'au mois de mai, époque où le jardin potager n'en donne pas beaucoup d'autres, ce qui en fait mieux apprécier la valeur.

Graines. — La graine de poirée se récolte en septembre sur le plant de semis de l'année précédente ; elle conserve pendant cinq ou six ans ses propriétés germinatives.

POIREAU

(ALLIUM PORRUM). Synonymie : *Porreau, Poirée.*

Le poireau de même que l'oignon, vient mieux et donne des produits de meilleure qualité dans un terrain fumé l'année précédente que dans un sol qui vient d'être fumé. On sème la graine de poireau en février ou mars, soit seule, soit, comme on l'a vu plus haut, en mélange avec la graine d'oignon. Lorsqu'on la sème seule, on doit en employer 100 grammes par are. On mêle la graine à la terre par un léger hersage ; on répand un peu de terreau par-dessus, et l'on arrose au besoin. Plus tard on arrache successivement les plus gros poireaux, en ayant soin d'éclaircir le plant le plus régulièrement possible. Dans les localités au sol et au climat naturellement humides, on sème le plant de poireaux sur couche ; ailleurs, on sème en pleine terre comme je viens de l'indiquer ; mais, pour qu'il devienne plus long et plus blanc, afin de lui laisser acquérir en place toute sa croissance, on le repique au mois de juin, en lignes, à 10 centimètres en tous sens ; au moment de la plantation, on rogne l'extrémité des racines et celle des plus longues feuilles, et on enterre le jeune plant à une profondeur d'environ 10 centimètres.

Dans le midi de la France, on est également dans l'usage de cultiver le poireau en le repiquant ; mais, pour le forcer à blanchir, on laisse entre les lignes assez d'espace pour pouvoir y prendre de la terre et butter les plantes.

Deux variétés de poireaux sont cultivées dans les jardins potagers ; l'une est connue sous le nom de *Poireau long*, et l'autre sous celui de *Poireau court*.

Graines. — On laisse en place, comme portegraines, quelques-uns des plus beaux poireaux ; cette plante n'étant pas sensible au froid, les portegraines montent au printemps de l'année suivante. Les ombelles chargées de graines se cueillent en septembre ; on les suspend par bottes dans le grenier. Il faut choisir, pour détacher la graine des capsules, un temps de forte gelée : elle s'en sépare plus facilement. Conservée dans ses capsules, elle

y garde, pendant trois ans, ses propriétés germinatives.

POIS CULTIVÉ
(PISUM SATIVUM)

Les jardiniers des environs de Paris, contraire-
ment à l'opinion exprimée par quelques auteurs,
sont dans l'usage de semer les pois sur une forte
fumure, bien que les terres qu'ils cultivent soient
en général très-fertiles. Les opinions sont cependant partagées quant à la question de savoir si le
terrain destiné à la culture des pois doit être ou ne
pas être fumé ; mais tout le monde est d'accord
sur un point, c'est que, pour avoir des récoltes
abondantes de pois de bonne qualité, il faut éviter de les semer deux ans de suite dans le même
terrain.

Dans le Midi de la France, on sème les pois hâtifs vers la fin de novembre ; dans le Nord, ils ne
peuvent être semés qu'aux mois de mars et avril.
Dans les départements du centre, les premiers pois
peuvent être, comme dans le Midi, semés à la fin de
novembre ; mais, en raison de la différence du climat, on doit leur choisir une exposition méridionale. Souvent on les sème en novembre, entre les
lignes des laitues de la Passion plantées au pied
d'un mur en plein midi. De nouveaux semis de

pois précoces sont faits en février et en mars ; à partir de ce mois, on peut semer des pois tous les quinze jours jusqu'en juillet.

Deux séries de pois, l'une à rames, l'autre naine, sont admises dans la culture maraîchère. Les pois des races naines se sèment en lignes ; ceux des variétés à rames se sèment par touffes, comme les haricots.

Pour semer les pois en lignes, on ouvre des raies profondes de quelques centimètres, à 25 ou 30 centimètres les unes des autres ; on distribue les pois de semence dans ces raies le plus également possible. On sème les pois à raison de deux litres par are. Si le sol est sec et léger, on le comprime par le piétinement, aussitôt après le semis ; on répand ensuite par-dessus quelques centimètres de terre. On donne au pois un premier binage lorsque le plant a 10 ou 15 centimètres de hauteur. Plus tard, on pince les sommités des tiges au-dessus de la troisième ou de la quatrième fleur, afin de hâter la formation du grain. Les pois doivent recevoir plusieurs binages pendant le cours de leur végétation.

Lorsqu'on désire avoir des pois bons à récolter de très-bonne heure, on peut semer des pois précoces sur une couche au mois de janvier ou dans les premiers jours de février pour les repiquer à bonne exposition à la fin de février ou dans les premiers jours de mars dans des sillons assez profonds. Ce moyen, peu dispendieux, permet de récolter des pois verts longtemps avant l'époque où paraissent sur les marchés les pois des races hâtives semés en place en novembre et décembre.

Les soins de culture à donner aux pois à rames sont les mêmes qui viennent d'être indiqués pour les pois nains. Les rames des pois doivent être placées comme celles des haricots (fig. 11), peu de temps après que les jeunes plantes sont sorties de terre, afin qu'elles trouvent immédiatement l'appui dont leurs tiges ont besoin.

Les pois dont on se propose de consommer les produits comme légume sec sont arrachés ou coupés au mois de juillet, alors qu'ils ne sont plus tout à fait verts et ne sont pas entièrement secs. Ils doivent rester huit à dix jours sur le sol, où l'on a soin de les retourner plusieurs fois avec précaution pour ne pas les égrener. On les enlève alors pour les conserver, soit en meules, soit au grenier.

Les pois cultivés dans les terres légères ne donnent pas au delà de douze litres de pois secs par are ; ils en donnent jusqu'à vingt-quatre litres par are dans les terres fortes du département du Nord.

Après l'enlèvement de la récolte des pois semés à

l'entrée de l'hiver ou même au printemps, en février et mars, le sol qui a donné cette récolte peut recevoir une plantation de choux de Milan, de choux-fleurs semés dans la première quinzaine de juin, de navets ou de pommes de terre précoces; on peut aussi y semer des haricots à récolter en vert, des carottes hâtives, des chicorées, des mâches et des épinards.

Le *Pois Michaux* commun ou *Pois de Sainte-Catherine*, est celui qui convient le mieux pour être semé en novembre. Le *Pois Michaux de Hollande* et le Pois Prince Albert sont, à la vérité, plus hâtifs, mais ils passent difficilement l'hiver et ne doivent être semés qu'au printemps.

Les pois à rames connus sous le nom de *Pois Marly*, *Pois d'Auvergne*, *Mange-tout*, *Corne de Bélier*, *Pois gros vert normand*, doivent être semés au printemps, comme le *Pois Michaux de Hollande*. Le *Pois Clamart*, l'un des plus productifs, convient tout spécialement pour les semis de seconde saison.

Parmi les variétés naines pour bordures le *Nain de Levêque*, *Nain hâtif de Hollande* peuvent être semés en bordures ; le *Nain Bishop* un peu plus élevé est plus productif, le *Nain vert petit* et *Nain vert gros* sont très-productifs et de bonne qualité, mais ils sont beaucoup plus élevés que les variétés précédentes.

Les pois ridés méritent d'être cultivés en France autant qu'ils le sont en Angleterre, ils possèdent sur les autres variétés l'avantage de rester tendres et sucrés lorsque les graines sont complétement formés, la variété la plus productive est le *Ridé de Knight* à rames. Parmi les variétés naines pour bordures on peut choisir le *Mac Lean* à grain vert.

En Hollande, on fait sécher au four les petits pois verts pour les consommer en hiver; on emploie le procédé indiqué pour les choux, les fèves de marais et les haricots verts. On choisit pour cet usage des pois récoltés dans leur primeur; ils sont étendus sur des plaques de tôle, et mis au four pour en opérer la dessiccation sous l'influence d'une chaleur douce. Conservés dans des caisses hermétiquement fermées, ils s'y maintiennent pendant un an et même au delà, sans rien perdre de la saveur qu'ils ont à l'état frais, récemment écossés.

Graines. — On récolte les pois destinés aux semailles sur les plantes provenant des pois semés en février et mars; ceux qui proviennent de semis plus tardifs donnent rarement des graines parfaiment mûres. On les conserve dans leurs cosses; ils y gardent pendant quatre ou cinq ans leurs propriétés germinatives.

POMME DE TERRE

(SOLANUM TUBEROSUM). Synonymie : *Parmentière, Morelle Parmentière, Patate de la Manche, Patate des jardins, solanée, Tartaufe, Tartufle, Trufelle, Crompire.*

La pomme de terre vient à peu près partout ; elle n'exige pas pour réussir un sol d'une nature particulière ; on observe néanmoins que, dans les terres fortes, ses produits, quoique très-abondants, sont de moins bonne qualité que dans les terres plus légères.

La pomme de terre ne donne des récoltes abondantes que dans un sol largement fumé. Si l'on ne dispose pas d'une quantité d'engrais suffisante pour fumer toute l'étendue consacrée aux pommes de terre, il faut réserver celui qu'on leur destine pour le déposer au fond de chaque trou au moment de la plantation.

Dans le Midi de la France, les pommes de terre se plantent dès le mois de février ; dans les départements du Centre, on les plante à partir de mars successivement jusqu'en juin ; dans le Nord, on ne peut le faire qu'en avril.

Pour planter les pommes de terre dans les jardins, on ouvre à la houe des trous suffisamment larges et profonds, à 50 et 60 centimètres les uns des autres en tous sens. On y plante, soit de petits tubercules, soit des morceaux de gros tubercules coupés, munis de plusieurs yeux. On plante le plus communément les pommes de terre à la profondeur de 15 centimètres seulement; cette profondeur doit varier selon la nature des terrains; dans les terres sèches, il faut planter les pommes de terre plus profondément que dans les terres humides. On emploie 12 à 15 litres de tubercules pour la plantation d'un are.

Les tubercules, au moment de la plantation, sont recouverts seulement d'un peu de terre; quand les tiges commencent à sortir et à s'allonger, on donne un premier binage pendant lequel on achève de combler les trous. Quelque temps après, quand les tiges ont une hauteur d'environ 15 centimètres, on procède à l'opération du *buttage*, qui consiste à relever la terre en forme de butte au pied de chaque touffe. Un second buttage est encore donné plus tard aux pommes de terre, qui n'ont plus d'autres soins de culture à recevoir avant la récolte des tubercules.

Dans les bonnes terres bien cultivées, on peut récolter par are jusqu'à trois hectolitres de pommes de terre. Le sol qui a produit une récolte de pommes de terre hâtives peut encore recevoir une plantation de choux de Milan ou de choux-fleurs semés pendant la première quinzaine de juin; on

peut également y semer des pois hâtifs, des carottes hâtives, des mâches ou des épinards.

Pour avoir des pommes de terre précoces on
cultive surtout la variété connue sous le nom
de *Marjolaine ou quarantaine*.

Cette variété ne réussit bien qu'à la condition
d'être plantée avec le germe bien développé. Pour
cela on conserve pendant l'hiver les tubercules
destinés à la plantation, dans une pièce sèche et
à l'abri de la gelée, en ayant soin de les étendre
sur un seul lit, soit sur des tablettes ou dans des
paniers plats ou caisses placés le plus près possible de la lumière du jour, afin que les jeunes
pousses né soient pas étiolées.

On peut planter les pommes de terre ainsi préparées dès la fin de février, en ayant soin de les
abriter de la gelée avec de la litière ou des pail-
laissons, ces pommes de terre sont bonnes à récolter vers la fin d'avril.

Un autre moyen d'avoir des pommes de terre
fraîches, mais non pas nouvelles, est fréquemment employé dans le Midi, il consiste à planter
à la fin d'août et au commencement de septembre;
les jeunes tubercules se forment avant les gelées,
et se conservent en terre jusqu'au printemps; on
peut procéder de même dans le Nord, en recouvrant le sol pendant l'hiver d'une forte couche de

litière afin que la gelée n'atteigne pas les tubercules.

Les produits obtenus de cette façon sont inférieurs à ceux obtenus par la plantation printanière.

Les variétés les plus fines pour la table sont la MARJOLAINE OU QUARANTAINE très-hâtive, la JAUNE LONGUE DE HOLLANDE OU MARJOLAINE SECONDE pour deuxième saison, la BLANCHARD jaune, ronde, à œil violet, peau très-fine, la SHAW jaune, ronde, très-productive, la TRUFFE D'AOUT rouge, ronde, se gardant bien l'hiver, et la VITELOTTE rouge qui a l'avantage de ne pas se délayer à la cuisson.

Bien que l'on puisse multiplier les pommes de terre par le semis, ce moyen n'est employé que dans le but d'obtenir de nouvelles variétes.

POURPIER DORÉ

(PORTULACA OLERACEA). Synonymie : *Porcelaine, Porcelane, Pourcelane, Pourcelaine.*

La graine de pourpier peut être semée depuis le mois de mai successivement jusqu'au mois d'août. On sème très-clair à la volée ; on répand un peu de terreau pour couvrir la graine ; le sol doit recevoir de fréquents bassinages jusqu'à ce que le plant soit bien sorti. Les feuilles du pourpier se mangent en salade, ou cuites et préparées comme des épinards.

Graines. — Les graines de pourpier se récoltent en septembre et octobre ; elles conservent pendant cinq ou six ans leurs propriétés germinatives.

RADIS

(RAPHANUS SATIVUS). Synonymie : *Radis, Raifort cultivé, Ravonnet.*

On peut semer des radis depuis le mois de mars jusqu'en automne ; il ne faut les semer en été que dans une situation ombragée et les arroser fréquemment. Quelle que soit l'époque à laquelle on sème des radis, il vaut mieux en semer peu à la fois et fréquemment si l'on tient à les manger tendres.

Lorsqu'il est nécessaire d'économiser le terrain, au lieu de semer les radis isolément, on les sème dans les intervalles vides sur les terrains occupés par d'autres cultures.

Cinq variétés de petits radis sont cultivées dans les jardins ; ce sont les *Radis rose, blanc, violet, gris* et *jaune.* Ce dernier est celui de tous qui conserve le mieux ses bonnes qualités pendant les chaleurs.

La petite rave longue rose, aussi tendre et d'aussi bon goût que le radis, se sème et se cultive de la même manière ; elle a été longtemps plus cultivée en France que le radis, qu'on lui préfère généralement aujourd'hui, sans motif bien fondé. On possède trois variétés de petites raves, *rose*, *violette* et *blanche*, toutes trois excellentes.

Radis noir d'hiver, Gros Radis, Raifort cultivé, Raifort des Parisiens, Raifort officinal. — On sème le radis noir au mois de juin; il est bon à récolter en automne. Ses racines se conservent tout l'hiver, comme celles des autres plantes potagères.

Graines. — On réserve pour porte-graines des racines de la récolte de l'année précédente, conservées en jauge pendant l'hiver. Les graines, bonnes à récolter au mois d'août, conservent pendant quatre ou cinq ans leurs propriétés germinatives.

RAIFORT SAUVAGE

(COCHLEARIA ARMORACIA). Synonymie : *Grande Bretagne, Grandes Anglaises, Cranson rustique, Faux Raifort, Grand Raifort, Moutardelle, Moutarde des Allemands, Moutarde des capucins, Moutarde des moines, Radis de cheval.*

Dans certaines provinces, on désigne improprement les raves et les radis sous le nom de raifort. Le raifort est une plante indigène que l'on multiplie de graines semées au printemps, ou mieux par des tronçons de racines, comme le font les cultivateurs de la plaine Saint-Denis qui se livrent à cette culture. On plante ces tronçons à l'automne; ensuite tous les soins se bornent à donner quelques binages, et, la troisième année, on fait la récolte des racines.

La racine, fraîchement râpée, remplace la moutarde en Allemagne et en Flandre.

Graines. — Les graines sont bonnes à récolter en août, et elles se conservent pendant deux ans.

RAIPONCE

(CAMPANULA RAPUNCULUS). Synonymie : *Bâton de Jacob, Cheveux d'évêque, Pied de sauterelle, Petite Raiponce de carême, Rampon, Rave sauvage.*

La graine de raiponce se sème en juin et en juillet, très-clair, à la volée. Cette graine, étant excessivement fine, doit être, au moment où on la sème, mêlée à du sable ou à de la terre sèche pulvérisée ; sans cette précaution, les semis seraient trop épais et trop inégaux. La graine est mêlée à la terre par un léger hersage avec les dents d'un rateau ; mais elle doit être à peine enterrée. On étend sur les planches ensemencées une couverture de litières qu'on enlève dès que les raiponces sont levées. La germination des graines doit être favorisée par de fréquents bassinages.

On sème habituellement, en même temps que la graine de raiponce, des épinards ou des radis, qui laissent le sol libre d'assez bonne heure pour ne pas nuire aux raiponces.

Graines. — La graine de raiponce se récolte en juillet ; elle conserve pendant trois ans ses propriétés germinatives.

SALSIFIS BLANC

(TRAGOPOGON PORRIFOLIUM). Synonymie : *Cercifix, Cercifis, Salsifis à feuilles de poireau.*

Le salsifis se plaît dans un sol bien fumé, préparé par un labour profond. La graine se sème au printemps, en mars ou avril, soit en lignes, soit à la volée ; on emploie 120 grammes de graine par are. On donne après le semis un hersage superficiel, puis on répand sur le terrain ensemencé une couverture de bon terreau. En cas de sécheresse, on arrose pour faciliter la levée ; plus tard, on éclaircit le plant s'il est trop épais. Les premiers salsifis sont bons à récolter vers le mois d'octobre : comme les racines ne gèlent pas, elles peuvent passer l'hiver en terre et n'être arrachées qu'en proportion des besoins de la consommation, jusqu'à ce que les plantes forment leur tige florale pour se disposer à porter graine.

Graines. — La graine de salsifis se récolte sur les plantes de l'année précédente ; elle ne conserve que pendant un an ses propriétés germinatives.

SARRIETTE DES JARDINS

(SATUREIA HORTENSIS). Synonymie : *Herbe de Saint-Julien, Herbe à odeur, Sadrée, Savorée, Savourée.*

On sème la sarriette au printemps. Lorsqu'on en a semé une seule fois dans un jardin, elle s'y ressème d'elle-même, sans exiger aucun soin de culture, et s'y maintient à perpétuité. On emploie la sarriette comme assaisonnement.

Graines. — La graine de sarriette se récolte en juillet et août ; elle conserve ses propriétés germinatives pendant quatre ou cinq ans.

SCORSONÈRE D'ESPAGNE

(SCORZONERA HISPANICA). Synonymie : *Cercifis, Corsionnaire, Écorce noire, Salsifis, Salsifix noir. Scorzonnère d'Espagne.*

On sème la scorsonère au printemps, en mars et avril, à raison de 100 grammes par are.

Cette plante réclame exactement les mêmes conditions de sol et les mêmes soins de culture que le salsifis, avec lequel elle offre la plus grande analogie.

Quand la scorsonère est cultivée dans un terrain fertile, ses racines peuvent être bonnes à récolter dès la première année ; dans les terrains de qualité médiocre, ses produits doivent être attendus une année de plus. Dans ce cas, au lieu de semer au printemps, on retarde les semis jusqu'au mois d'août, afin que la plante occupe moins longtemps le terrain.

Graines. — Les scorsonères semées au printemps fleurissent et portent graine dans le courant de l'été ; cette graine, récoltée sur des plantes trop jeunes et trop faibles, n'est pas de bonne qualité ; on ne doit employer que celle qu'on recueille l'année suivante, sur des plantes de deux ans. La graine de scorsonère conserve pendant deux ans ses propriétés germinatives.

TÉTRAGONE ÉTALÉE

(TETRAGONIA EXPANSA). Synonymie : *Tétragone cornue. Épinard d'été, Épinard cornu, Épinard de la Nouvelle-Zélande.*

La tétragone peut très-bien remplacer l'épinard, surtout pendant l'été, et cela avec d'autant plus d'avantage qu'elle résiste aux plus fortes sécheresses.

Dans le midi de la France, on peut semer la tétragone en avril immédiatement en place ; mais dans les départements du Centre, on doit la semer sur couche, comme les melons, après avoir fait tremper les graines ; et, lorsqu'on ne craint plus les gelées, on repique le plant en pleine terre, à environ 60 centimètres de distance en tous sens.

Dès que les tiges commencent à couvrir le sol,

on coupe les feuilles et l'extrémité des jeunes pousses, l'on continue successivement jusqu'aux gelées.

Graines. — Les graines mûrissent en septembre et octobre, et elles se conservent bonnes pendant deux ans.

TOMATES

(SOLANUM LYCOPERSICUM). Synonymie : *Pomme d'amour,
Pomme d'or, Pomme du Pérou.*

Sous le climat de Paris, les graines de tomates
ne peuvent être semées en place comme dans
le midi de la France; on les sème sur couche, en
mars et avril, pour les transplanter en pleine terre
au mois de mai. Bien que la plante végète avec
une vigueur étonnante, les tiges n'ont pas assez
de consistance pour se soutenir, et elles doivent
être attachées à un échalas ou palissées le long
d'un mur d'espalier.

Comme toutes les plantes d'une végétation
très-active, les tomates demandent un sol abondamment fumé et des arrosages fréquents en été.
Sans exiger de soins particuliers, il faut, quand
elles sont suffisamment chargées de fleurs, pin-
cer l'extrémité des tiges, et, plus tard supprI-
mer tous les bourgeons, afin de favoriser le
développement des fruits.

Quand les premiers froids surprennent les

plants de tomates chargés de fruits à demi-mûrs, on peut, pour ne pas perdre ceux-ci, suspendre chaque touffe par les racines dans une pièce de l'habitation, où les fruits achèvent de mûrir.

Il se fait, dans le midi de la France, une très-grande consommation de tomates ; elles entrent en qualité d'assaisonnement dans presque tous les mets, ou bien on les mange frites dans l'huile d'olive avec des tranches d'oignon.

Pour conserver des tomates, on choisit de beaux fruits mûrs, parfaitement sains, qu'on a soin de bien essuyer ; ils sont placés entiers dans un bocal à goulot large ; on verse par-dessus un liquide composé de huit parties d'eau, une partie de vinaigre et une partie de sel de cuisine, puis on recouvre le tout d'une couche d'huile d'olive d'un centimètre d'épaisseur.

Par ce procédé aussi simple que peu coûteux, la conservation des tomates est pour ainsi dire indéfinie, car M. Andry, secrétaire de la Société impériale et centrale d'horticulture, en a conservé de cette manière qui étaient encore dans le meilleur état au bout de huit ans.

Graines. — Pour récolter de bonnes graines de tomates, on laisse pourrir quelques fruits, on lave les graines et on les fait sécher à l'ombre. Elles se conservent pendant trois ou quatre ans.

ASSOLEMENT

D'UN JARDIN POTAGER DE 15 ARES

POUVANT PRODUIRE LA QUANTITÉ DE LÉGUMES

NÉCESSAIRE A LA CONSOMMATION DE SIX PERSONNES

————

Comme complément aux notions qui précèdent, j'ai cru devoir donner ici la distribution d'un jardin potager de 15 ares (environ un demi-arpent de Paris, ancienne mesure), pouvant produire la quantité de légumes de chaque saison nécessaire à la consommation d'une famille de six personnes. J'ai apporté beaucoup d'attention dans la détermination de l'étendue à donner à chaque culture, en m'aidant pour cela des chiffres les plus certains de la statistique des établissements publics.

J'engage tout particulièrement le lecteur à avoir égard aux indications de la liste suivante; car j'ai remarqué très-souvent dans les jardins potagers que la plus grande partie de l'espace disponible est absorbée par trois ou quatre cultures, de sorte que la place manque absolument pour d'autres produits non moins indispensables.

Quant aux cultures qui n'occupent pas le terrain toute l'année et qui peuvent être suivies d'une seconde récolte, je les ai marquées par l'indication *première saison* et *deuxième saison*, bien entendu sur la même planche du jardin potager.

100 mètres.		Artichauts, avec quelques pieds de Courges.
100	—	Asperges, avec une rangée de Betteraves entre chaque planche d'Asperges.
50	—	1re *saison*, Carottes hâtives; 2e *saison*, Laitues et Romaines.
50	—	Carottes et Panais semés ensemble.
50	—	1re *saison*, Chou cœur de bœuf avec des épinards; 2e *saison*, Céleri.
100	—	Choux pommés Saint-Denis ou chou Quintal.
50	—	1re *saison*, Chou-fleur; 2e *saison*, Raiponce avec des épinards.
100	—	1re *saison*, Fèves; 2e *saison*, Navets.
50	--	Fraises.
30	—	1re *saison*, Haricots nains; 2e *saison*, Mâches.

————————

7 00 mètres.

700 mètres.

200	—	Haricots à rames à récolter en sec pour la provision d'hiver.
50	—	1re *saison*, Laitues et Romaines ; 2e *saison*, Chou-fleur.
50	—	1re *saison*, Oignon blanc ; 2e *saison*, Chicorée de Meaux.
50	—	Oignon rouge ou jaune et Poireau semés ensemble.
50	—	1re *saison*, Pomme de terre hâtive ; 2e *saison*, Chou de Milan.
200	—	Pomme de terre pour la provision d'hiver.
50	—	1re *saison*, Pois nains ; 2e *saison*, Choux raves ou Rutabagas.
100	—	Pois à rames à récolter en sec pour la provision d'hiver.
50	—	Scorsonères ou Salsifis blanc.

1500 mètres carrés (15 ares).

Aucune place n'est assignée pour le Persil, le Cerfeuil, l'Oseille, la Chicorée sauvage, la Pimprenelle, le Cresson et les Échalotes, qui peuvent être cultivés en bordure.

TROISIÈME PARTIE

CALENDRIER

DE LA CULTURE MARAICHÈRE

AOUT

En commençant l'année horticole par le mois de janvier, comme on le fait ordinairement, on sépare les travaux d'automne de ceux du printemps, avec lesquels ils sont intimement liés, puisqu'ils en sont la préparation nécessaire, et on laisse en arrière toute une série d'opération entamées.

Au mois d'août, on fait les premiers semis, puis viennent naturellement les opérations qui en sont la conséquence ; et, à partir de ce moment, on continue successivement, pour ne terminer qu'en juillet. C'est pourquoi j'ai commencé mon calendrier par le mois d'août, que l'on peut considérer comme le premier mois de l'année horticole.

Pendant ce mois, on donne les soins nécessaires aux semis et plantations qui ont eu lieu antérieurement : ils consistent en binages, sarclages et arrosements.

On commence à faire les premières meules à champignons en plein air, ce qui n'empêche pas d'en faire dans les caves.

On plante des choux-fleurs, de la chicorée et de la scarole sur les couches à melons.

On plante les oignons blancs pour graines, et on multiplie le cresson de fontaine par boutures.

On peut repiquer des fraisiers à gros fruits en choisissant les filets les mieux enracinés qui pourront donner des fruits au printemps.

On sème des carottes hâtives pour le printemps, des haricots pour manger en vert, des mâches pour l'automne, de l'oseille, des navets, du cerfeuil bulbeux, du pourpier, des radis et de la scorsonère.

Dans la seconde quinzaine, on sème de l'oignon blanc pour le repiquer en octobre dans les terres légères, et au printemps seulement dans les terres fortes. On sème la chicorée frisée de la passion, les laitues et les romaines d'hiver, des épinards pour récolter en automne; puis, de la Saint-Louis à la Notre-Dame de septembre, c'est-à-dire du

25 août au 8 septembre, on sème les choux d'York, cœur de bœuf et pain de sucre.

Vers la fin du mois et au commencement de septembre, on récolte les oignons rouges et jaunes; après les avoir arrachés, on les laisse sur le terrain pendant une quinzaine de jours, pour qu'ils achèvent de mûrir, après quoi on les dépose dans un grenier.

Pendant ce mois, on récolte les graines de carottes, cerfeuil, laitues, romaines, oignons, panais, persil, poireau, radis.

SEPTEMBRE

Comme pendant ce mois, la chaleur a diminué, les arrosements doivent être moins fréquents et n'avoir lieu que le matin ou dans le courant de la journée, car, à cause de la fraîcheur des nuits, on doit cesser ceux du soir.

On commence à faire blanchir des cardons et du céleri, à lier des scaroles et de la chicorée.

On continue de faire des meules de champignons à l'air libre, et l'on plante des racines de persil dans de grands pots, afin de n'en pas manquer pendant l'hiver. Dans les premiers jours du mois, on sème les choux d'York, cœur de bœuf et pain de sucre, les laitues et romaines d'hiver. On sème la graine de perce-pierre aussitôt après la récolte du cresson alénois, des radis sur ados, des choux-fleurs pour être repiqués plus tard en pépinière, de la pimprenelle. On continue à semer du cerfeuil, du cerfeuil bulbeux, de la chicorée sauvage, des mâches, des épinards, des navets; dans la seconde quinzaine, on sème du poireau, et on repique les choux, les laitues et les romaines d'hiver semées vers la fin d'août.

Pendant ce mois, on récolte les graines de betterave, cardon, choux-fleurs, céleri, chicorée, arroche, pimprenelle, persil, poireau, poirée, pourpier.

OCTOBRE

Dans les premiers jours de ce mois, on peut encore semer du cerfeuil, du cerfeuil bulbeux, du cresson alénois, des épinards, des mâches, de la pimprenelle; on sème de la laitue petite noire et de la romaine verte hâtive; quinze jours après le semis, on repique le plant sur cloche et sur ados. Vers le 15, on sème de la laitue palatine, et, vers la fin du mois, de la romaine blonde et grise, que l'on traite exactement de la même manière.

On continue de faire des meules à champignons à l'air libre.

Dans le midi de la France, on fait les premiers semis de fèves et de lentilles.

On divise les touffes d'oseille vierge et on plante les fraisiers. On peut encore planter des racines de persil dans de grands pots quand on a négligé de le faire en septembre. On récolte les patates, on continue à faire blanchir des cardons, du céleri, de lier des scaroles et des chicorées.

On repique en pépinières les choux d'York, cœur de bœuf et pain de sucre, semés en septembre, et, vers la fin du mois, on repique dans les terres légères les oignons blancs semés en août.

NOVEMBRE

On commence les labours, on coupe les vieilles tiges d'asperges, on enlève la superficie de la terre des fosses, et l'on étend une bonne couche de fumier gras sur le tout; il faut aussi donner un binage aux planches d'oseille et les couvrir de fumier gras, puis on fait provision de fumier et de feuilles pour faire des couches et préserver les plants de la rigueur du froid.

En fait les dernières couches de champignons à l'air libre.

On achève de lier les chicorées et les scaroles, et l'on continue à faire blanchir de la chicorée sauvage.

On récolte les choux-fleurs que l'on veut conserver; il ne faut le faire que par un temps bien sec.

On termine les plantations de fraisiers et d'oignons blancs; on coupe les montants d'artichauts et l'extrémité des feuilles, puis on les butte, opération qui consiste à relever la terre autour de chaque touffe.

On relève les brocolis en motte pour les préserver de la gelée; on relève également tous les choux et les légumes que l'on veut conserver; on les met en jauge, et, à l'approche des froids, on les couvre avec des feuilles ou de la litière, puis on les découvre toutes les fois que la température le permet. Vers la fin du mois, on plante les choux d'York, cœur de bœuf et pain de sucre, on sème les premiers pois Michaux à bonne exposition, de la laitue à couper parmi d'autres plantes, et des laitues de printemps et des romaines pour repiquer sur ados.

On peut commencer la récolte des ignames de la Chine et continuer successivement au fur et à mesure des besoins, ou bien les arracher toutes avant les fortes gelées et les emmagasiner comme les pommes de terre.

DÉCEMBRE

On termine la plantation des choux d'York, cœur de bœuf et pain de sucre; on élève la super-

ficie de la terre des fosses d'asperges et on les
fume, quand cette opération n'a pas été faite en
novembre ; on continue à faire blanchir de la
chicorée sauvage ; puis, quand les froids ont sus-
pendu tous les travaux de pleine terre, on trans-
porte les fumiers sur tous les points où ils doivent
être enterrés et on les étend sur le sol, afin de pouvoir continuer les labours même pendant les gelées.

Quand le temps est doux, on découvre les artichauts pendant le jour ; mais il est prudent de
les recouvrir le soir ; si la gelée augmente, on les
couvre d'une plus grande quantité de feuilles ou
de litière. Si l'on craint de fortes gelées, il faut
couvrir les planches de cerfeuil, d'épinards, de
mâches, de poirée à carde, de persil, d'oseille,
avec de la litière ou des feuilles, et on les découvre toutes les fois que la température le permet.

JANVIER

Les travaux de pleine terre sont peu nombreux
dans le courant de ce mois ; cependant, à moins
de fortes gelées, on continue les labours, et dans
les départements du Centre on peut, vers la fin du
mois, commencer à planter, dans les terres légères,
de la romaine verte hâtive à bonne exposition ; on
peut aussi semer de la carotte hâtive, des poireaux, des oignons rouges et jaunes.

Toutes les fois que la température le permet, on donne de l'air aux artichauts, mais il faut avoir soin de les recouvrir le soir. Pendant les gelées, on couvre les planches en culture avec de la litière ou des feuilles, si la température n'a pas exigé qu'on le fît plus tôt.

FÉVRIER

Pour ne pas être surpris, il faut terminer les labours et achever tous les travaux que la rigueur du froid a suspendus. On recharge les fosses d'asperges avec la terre que l'on avait enlevée en novembre ou décembre. On continue de planter de la romaine verte hâtive et de choux-fleurs à bonne exposition. On termine la plantation des choux et des oignons blancs semés en août.

On sème des carottes, des épinards, des radis, du cerfeuil, des oignons rouges et jaunes, du poireau, de la ciboule, des pois, des fèves, des lentilles, du persil, de la primprenelle, des choux de Milan, et, vers la fin du mois, on sème de l'oignon blanc qu'on laisse en place. On plante les pommes de terre hâtives, les oignons-patates, l'ail, les échalotes, la civette, l'estragon.

MARS

Arrivé à cette époque de l'année, on peut confier à la terre toutes les graines potagères, en ayant soin toutefois de recouvrir les semis avec du terreau, afin de les mettre à l'abri des gelées printanières et du hâle.

On enlève la couverture des artichauts ; on détruit les buttes et on laboure les planches ; on plante les asperges, les pommes de terre, les fraisiers, les oignons rocamboles, l'ail, les échalotes, la civette, l'estragon, et tous les porte-graines conservés en jauge pendant l'hiver.

On plante les ignames de Chine, les choux-fleurs, de la romaine et des laitues semées en octobre; puis on sème sur couche les premiers melons, les aubergines, le piment, les tomates, le céleri rave et la tétragone.

On sème les arroches, les choux-raves, les chaux-navets ; puis on continue en pleine terre les semis de carotte, épinards, choux de Milan, pois, fèves, lentilles, ciboule, oignons rouge et jaune, poireau, salsifis, scorsonère, etc.

AVRIL

Dans le Midi, on sème les premiers haricots dans la seconde quinzaine du mois.

La température de ce mois exige quelquefois qu'on arrose les semis et les plants nouvellement repiqués ; mais, comme les nuits sont fraîches, on ne doit arroser que dans la matinée. Dans les premiers jours du mois, on plante les œilletons d'artichauts, les derniers fraisiers, des laitues, des romaines. On sème sur couche de la chicorée fine, des melons, des potirons, des concombres, des aubergines, de la tétragone, des piments, des tomates, des haricots, pour repiquer en pleine terre, mais sous cloche.

On sème les arroches, le céleri, les laitues et romaines d'été, les choux-fleurs de printemps, les choux pommés Saint-Denis, Quintal, rouge petit et gros, de Bruxelles, le pissenlit. On continue les semis de carottes, choux-raves, choux-navets, panais, cerfeuil, épinards, céleri, oseille, cresson alénois, persil, ciboule, chicorée sauvage, pois, pomme de terre, pimprenelle, radis, salsifis, scorsonère, et, vers la fin du mois, on sème les betteraves.

MAI

Comme précédement, les arrosements doivent avoir lieu dans la matinée ; on continue d'eclaircir les semis, de sarcler et de biner les plantes cultivées en ligne.

On plante les patates, les aubergines, les piments, les tomates, les potirons et les concombres semés en mars et avril.

On sème les cardons, les fraisiers, la poirée

blonde et la poirée à carde, les haricots, les navets, le pourpier doré, les radis noirs, la tétragone.

On continue les semis de betteraves, de carotte hâtive, laitues et romaines, choux-fleurs, chicorée frisée, céleri, cerfeuil, ciboule, concombre, courges, cresson alénois, choux de Milan, pommé de Saint-Denis, Quintal, Vaugirard, rouge gros, raves, navets, épinards, oseille, pois, pomme de terre, radis; on sème les derniers melons.

JUIN

Les travaux de ce mois consistent à sarcler et à biner les plantes cultivées en lignes.

En raison de la chaleur du jour, les arrosements doivent être faits le soir de préférence, afin que l'eau puisse pénétrer pendant la nuit jusqu'aux racines des plantes.

On sème à une exposition ombragée des choux-fleurs pour l'automne, des brocolis, de la raiponce, de la scarole et de la chicorée de Meaux.

On continue les semis de carottes hâtives, chou de Milan, ciboule, cerfeuil, haricots, laitues et romaines, navets, oseille, pois, pomme de terre, pourpier, radis, raiponce, poirée à cardes. On repique le poireau semé en mars; on plante les potirons et les concombres, et, vers la fin du mois, on plante les céleris semés en avril.

Pendant ce mois, on récolte la graine de cerfeuil, cresson alénois, navets, mâches.

JUILLET

Les arrosements doivent être abondants pendant ce mois, l'un des plus chauds de l'année, et avoir lieu le soir de préférence. On fait les derniers semis des plantes qui doivent être récoltées avant l'hiver, telles que carottes hâtives, chicorée de Meaux, scarole, ciboule, laitues et romaines, oseille, navets, pourpier doré, haricots, radis, raiponce.

On repique le céleri semé en mai, les choux et les choux-fleurs semés dans le mois précédent.

Pendant ce mois on récolte les graines de cerfeuil, de choux, d'épinards, d'oseille, de pois, de raiponce, de salsifis et de scorsonère.

FIN

TABLE DES MATIÈRES

FIN DE LA TABLE

21347 Typographie Lahure, rue de Fleurus, 9, à Paris.

COLLECTION DE VOLUMES A 1 FRANC

DE LA CULTURE DES FLEURS

Dans les petits jardins sur les fenêtres et dans les appartements,
par COURTOIS-GÉRARD. 5ᵉ édition. 1 vol. in-32 de 192 pages, avec
15 gravures. . . . . 1 fr.

DE LA CULTURE MARAICHÈRE

Dans les jardins, les champs et les marais, publié sous le patronage
de la Société impériale et centrale d'horticulture, par COURTOIS-
GÉRARD. 4ᵉ édition. 1 vol. in-32 de 192 pages, avec grav. 1 fr.

DES ANIMAUX D'APPARTEMENTS ET DE JARDINS

Oiseaux. — Poissons. — Chiens. — Chats, par F. PRÉVOST. 1 vol.
in-32 de 192 pages, avec 46 grav. dans le texte. . . . 1 fr. »

Ces trois volumes, dont le titre indique le sujet, sont destinés à tous
les amateurs de fleurs, d'oiseaux, de poissons, de chiens, de chats. La
Culture des fleurs est l'œuvre d'un horticulteur de renom. M. Courtois-
Gérard a réuni, dans un petit ouvrage, les connaissances utiles aux personnes qui cultivent des fleurs, soit dans un petit espace de terrain, soit
même sur une fenêtre ou dans un appartement. Il indique les meilleurs
modes de culture par le semis, le repiquage, le sarclage, les arrosements,
les empotages, la taille, les engrais, etc. Il indique aussi les moyens de
transformer les fenêtres en serres chaudes pendant l'hiver, de former des
corbeilles de fleurs dans les salons. Quinze jolies vignettes sont intercalées
dans le texte et le rendent plus compréhensible.

Les *Animaux d'appartements et de jardins*. OISEAUX, POISSONS, CHIENS,
CHATS, sont, pour ainsi dire, le complément de la *Culture des fleurs* dans
les petits jardins et dans les appartements. Qui de nous ne possède un de
ces petits animaux qui procurent des joies si variées non-seulement aux
grandes personnes, mais encore aux enfants? M. F. Prévost donne les indications nécessaires pour élever les oiseaux les accoupler, les nourrir.

la manière de les apprivoiser, de les instruire; les symptômes et le traitement de leurs maladies. Il décrit les différentes sortes de cages et de volières. Il consacre des chapitres intéressants aux poissons en s'occupant des aquariums, des viviers, des étangs, de la pisciculture, et termine son volume par des notions utiles sur les différentes races de chiens, de chats, la nourriture, les soins hygiéniques qu'ils réclament, la disposition des niches de ces animaux, les symptômes de leurs maladies et leur traitement.

Ce volume renferme l'adresse des principaux marchands d'oiseaux indigènes et exotiques de Paris, des naturalistes préparateurs, des fabricants de cages et des constructeurs de volières, des marchands de poissons; appareils de pisciculture; des marchands de chiens et de chats, et des pharmaciens vétérinaires.

DE LA SANTÉ DES PETITS ENFANTS

Ou Conseils aux mères sur la conservation des enfants pendant la grossesse, sur leur éducation physique depuis la naissance jusqu'à l'âge de sept ans, et sur leurs principales maladies, par L. SERAINE. 5ᵉ édition. 1 vol. in-32 de 192 pages. . . . . . 1 fr.

LES PRÉCEPTES DU MARIAGE

Suivis d'un Essai sur l'idéal de l'amour, du mariage et de la famille, par L. SERAINE. 4ᵉ édition. 1 vol. in-32 de 192 p.   1 fr.

« Je ne connais pas de traité de morale plus sage et plus pur que les préceptes de Plutarque sur le mariage, écrivait Mᵐᵉ Aglaé Adanson. Ces préceptes sont si vrais, si justes, si bien dits; ils renferment tant de loyauté et d'impartialité, qu'il est impossible qu'une âme honnête ne s'en sente pas pénétrée et ne fasse pas le serment tacite de s'y conformer. » M. le Dʳ Seraine a fait suivre cette traduction de pensées sur l'idéal de l'amour, du mariage et de la famille, qui sont empreintes d'une philosophie à la fois douce et élevée, qu'un style élégant et simple met à la portée de tous les lecteurs. Ces pages complètent d'une manière très-heureuse le petit chef-d'œuvre de Plutarque.

LEÇONS D'UN INSTITUTEUR

Pour disposer les enfants aux bons traitements envers les animaux, par Ph. PASSOT, membre de la Société protectrice des animaux. 1 vol. in-32 de 192 pages, ... 1 fr.

HISTOIRE NATURELLE

DES LÉPIDOPTÈRES

(PAPILLONS)

PAR H. LUCAS

CHEVALIER DE LA LÉGION D'HONNEUR
AIDE-NATURALISTES D'ENTOMOLOGIE AU MUSÉUM D'HISTOIRE NATURELLE
MEMBRE DE LA SOCIÉTÉ ENTOMOLOGIQUE DE FRANCE

LÉPIDOPTÈRES D'EUROPE avec 80 planches représentant 400 sujets, coloriées d'après nature, gravées sur acier par Pauquet. Deuxième édition. 1 vol. grand in-8, cartonné en toile anglaise, non rogné.. . . . . , . . , 25 fr.
Demi-rel. chagr., doré en tête, non rogné.. . . , . 30 fr.

LÉPIDOPTÈRES EXOTIQUES avec 80 planches représentant 400 sujets, coloriées d'après nature, gravées sur acier par Pauquet. 1 vol. grand in-8, cartonné en toile anglaise, non rogné.. . . . . , . . . 25 fr.
Demi-rel. chagr., doré en tête, non rogné.. . . : . 30 fr.

L'ordre le plus remarquable et en même temps le plus attrayant, dans la classe des insectes, est sans doute celui qui est connu sous le nom de *lépidoptères;* en effet, les animaux qui composent cet ordre s'en font distinguer par la richesse et par la couleur dont ils sont parés ; aussi ces insectes si brillants de couleur, si remarquables par leur forme, aussi gracieuse que variée, ont-ils toujours attiré le regard des personnes qui se livrent à l'étude de l'entomologie, et plus que tous ceux des autres ordres ; un grand nombre d'auteurs se sont appliqués à les travailler, à étudier avec soin leur histoire.

HISTOIRE NATURELLE
DES OISEAUX

PAR

FLORENT PREVOST

AIDE-NATURALISTE DE ZOOLOGIE AU MUSÉUM D'HISTOIRE NATURELLE
CHEVALIER DE LA LÉGION D'HONNEUR

ET

G.-L. LEMAIRE

DOCTEUR EN MÉDECINE

OISEAUX D'EUROPE avec 80 planches représentant 400 sujets. coloriées d'après nature, gravées sur acier par Pauquet. 1 vol. grand in-8, cartonné en toile anglaise, non rogné. 25 fr.
Demi-rel. chagr., doré en tête, non rogné. . . . . 50 fr.

OISEAUX EXOTIQUES avec 80 planches représentant 400 sujets, coloriées d'après nature, gravées sur acier par Pauquet. 1 vol. grand in-8, cartonné en toile anglaise, non rogné. . . . . 25 fr.
Demi-rel. chagr., doré en tête, non rogné.. . . . 30 fr.

De tous les êtres si nombreux et si divers qui composent le règne animal, les oiseaux sont peut-être ceux dont la vue excite au plus haut degré l'intérêt, l'admiration, et dans lesquels, en effet, la nature déploie, avec le plus de magnificence, l'éclat de ses richesses et leur inépuisable variété.

L'histoire des mœurs et des habitudes de ces oiseaux ne mérite pas moins d'attention que la beauté de leur plumage. Leurs émigrations périodiques à travers de vastes continents, et souvent au delà de l'immensité des mers, pour aller chercher une nourriture plus abondante ou fuir un changement de saison, la merveilleuse industrie qu'ils déploient dans la construction de leurs nids, l'instinct qui porte plusieurs d'entre eux à se réunir en troupes nombreuses et à former une sorte de société, tandis que d'autres vivent par couples ou même entièrement solitaires, une foule de particularités, enfin, propres à chaque genre, rendent cette histoire aussi attrayante qu'instructive.

TYPOGRAPHIE LAHURE, RUE DE FLEURUS, 9, A PARIS